[英] 罗勃·伊斯特威（Rob Eastaway）
约翰·黑格（John Haigh） 著

赵冬华 黄 华 译

写得如此迷人的数学读物是十分罕见的

如何罚点球

——隐藏在体育中的数学

How to take a penalty
The hidden mathematics of sport
First published in Great Britain by
Pavilion, an imprint of HarperCollinsPublishers Ltd 2011

图书在版编目（CIP）数据

如何罚点球：隐藏在体育中的数学 / (英) 罗勃・伊斯特威，(英) 约翰・黑格著；赵冬华，黄华译. —上海：上海教育出版社，2022.3
（趣味数学精品译丛）
ISBN 978-7-5720-1314-0

Ⅰ. ①如… Ⅱ. ①罗… ②约… ③赵… ④黄… Ⅲ. ①数学－普及读物②体育运动－普及读物 Ⅳ. ①O1-49 ②G8-49

中国版本图书馆CIP数据核字(2022)第029376号

责任编辑　李　达　周明旭
封面设计　陈　芸

趣味数学精品译丛
如何罚点球
Ruhe Fa Dianqiu
——隐藏在体育中的数学
[英] 罗勃・伊斯特威　约翰・黑格　著
赵冬华　黄　华　译

出版发行　上海教育出版社有限公司
官　　网　www.seph.com.cn
地　　址　上海市闵行区号景路159弄C座
邮　　编　201101
印　　刷　上海颛辉印刷厂有限公司
开　　本　890 × 1240　1/32　印张 7　插页 1
字　　数　150 千字
版　　次　2022年10月第1版
印　　次　2022年10月第1次印刷
书　　号　ISBN 978-7-5720-1314-0/O・0004
定　　价　38.00 元

如发现质量问题，读者可向本社调换　电话：021-64373213

目　录

致　谢

这本书可以看作是一套丛书的第三本. 我和杰里米·温德姆(Jeremy Wyndham)共同著书《三车同到之谜》和《绳长之谜》. 2003年杰里米在一个手术之后突然过世,令人悲痛. 他一直热爱运动,特别是桌球和板球,我们知道他期盼着本书的出版.

杰里米也会赞同在酒吧里研究材料的行为准则. 为此,感谢彼得·贝克尔(Peter Barker)和柯林·梅耶斯(Colin Mayes),因为很多灵感在一杯啤酒下肚之后迸发出来;感谢理查德·海瑞斯(Richard Harris)、克瑞斯·希利(Chris Healey)和乔治·威斯布鲁克(George Westbrook),当他们通读手稿的早期版本时,难免会碰到艰难晦涩之处.

本书中我们使用和评论了近年来许多不同的论文和文章中的研究成果. 与其将它归功于著名的数学家和统计学家,倒不如在书的结尾参考文献一节中列出所参考的著作. 当然,所有的荣誉应归于原创的研究者,而任何错误都归于我们.

我们也认可那些由个人和组织发布的关于运动纪录、足球赛比分和类似的通过互联网容易查到的工作成果.

此外,还有很多人给我们提供了有价值的想法,包括本尼迪克特·勃曼格(Benedict Bermange)、马克·托马斯(Marc Thomas)、马丁·丹尼斯(Martin Daniels)、罗格·怀特(Roger White)、汤姆·布瑞马尔德(Tom Bramald)、塔奈·提勃(Tarnai Tibor)和足球博物馆里给我们提供帮助而忘了记下他姓名的小伙子. 我们也不会忘记瑞德卡·纽拜(Radka Newby),1999年我们首次在一所高级中学组织一项大型的演讲活动,他负责会务工作. 正是在那儿的后台,我们发现彼此拥有对体育运动的共同爱好.

最后,感谢伊莱尼(Elaine)、凯(Kay)、夏洛特(Charlotte)和罗勃森(Robson)团队,感谢他们一如既往的鼓励.

引 言

体育界对于数学的兴趣十分故作谦虚. 评论员贬低了他们心算的能力. 我们甚至听说有人因为把网球的发球速度单位从千米每时转换成英里每时而致歉! 任何稍微深入一点的关于数学的讨论都被认为是令人讨厌的.

然而……,事实是运动中最多的参与者是数学家. 他们必须参与,因为一项运动的成功或者失败主要是通过数字的测量,还因为很多战术本来就要求竞赛者具有逻辑的、分析的思维,本质上说,也就是数学. 也许这里的数学并不是我们在学校接触的形式,但想法的本质恰恰是相同的.

在空中接球的板球队员并没有下意识去解一个微分方程,但实际上为了预测球的运行路线,这是需要做的. 当主场球队在为晋级世界杯下一轮比赛的入场券奋战时,电视里到处都是权威人士和公众人士,高谈阔论着复杂的排兵布阵和成功的先决条件.

因此,在这本书里,我们将公开表明立场. 我们对体育感兴趣,同时也对数学感兴趣,当这两个世界相遇(它们经常如此)时,它们的联合是令人着迷的. 有时数学可以从新的角度提出运动策略. 在其他时候,数学只是提供了对我们本能所知更加深入的理解. 有时它只是简单地激起好奇心. 一名足球迷曾经写信给当地的报纸,指出"星期一韦尔港(Port Vale)对赫里福德(Hereford)的比赛中唯一值得记住的是,出席人数 2744 是一个完全立方数,即 14×14×14". 毫无疑问,恍然大悟的支持者将会在接下来的篇章中寻找更有价值的发现.

我们认真地考虑过应在本书中融入多少精确的数学. 最终我们决定只是偶尔提及一些公式,因为很多读者宁愿对证明过程含糊敷衍过去,而选择仔细地阅读相关结论. 那些对数学证明有兴趣的读者,请参阅附录和参考我们在编辑这本书时使用的优秀文献.

最初我们的想法是每章讲述一个运动项目. 然而,收集的材料越多,事实越清晰: 某些主题跨越不同的运动项目,并且常常两个运动项目的联系比一个运动项目中两场比赛的联系还要紧密. 尽管我们没有以拳击和花样滑冰的联系、足球和高尔夫的联系或者桌球和橄榄球的联系作为一章的题目,但事实确是如此.

本书各章自成一体,没有明显的开始、中间和结束. 如果有一个主题贯穿于本书的始终,那就是数学和体育紧密地联系在一起. 对于那些问"数学的相关性在哪里"的人,我们希望这本书至少提供了部分答案. 同时也希望读者在阅读本书时能和我们创作时一样快乐、充满兴趣.

第 1 章

球

为什么它们不是圆球

世界上所有运动比赛的球类项目中,有一种球与众不同.这种球由阿迪达斯(Adidas)制造,被命名为“电视之星(Telstar)”,于 1970 年墨西哥世界杯(World Cup)第一次在观众面前亮相.它很快成为足球的标准设计,今天,它仍是运动中最流行的标志之一.

熟悉的黑白相间的模式被采用,显然是因为它在黑白电视上比早期的单色球更容易看清楚.然而,其中隐含的五边形和六边

形模式根本不是阿迪达斯的发明.有着和“电视之星”完全相同模式的球形物可以在位于多塞特的温伯恩圣伊莱斯教区教堂安东尼·阿什利(Anthony Ashley)爵士的坟墓里找到,墓碑上注明的时间为17世纪中叶.一些人认为这可能是英国最古老的足球,因为被发现的时候,它离安东尼爵士的脚很近.它和足球的类同之处较多,尽管历史学家认为它更可能是一些纹章的象征,表彰安东尼爵士作为航海家的杰出成就.这个形状的草图甚至可以追溯更久,直至列奥纳多·达芬奇(Leonardo da Vinci).在阿基米德(Archimedes)时代,它的原理就已经被了解.

“电视之星”是由32块拼成的.其中12块是完全相同的正五边形,涂黑色;其余20块是白色的正六边形(不从实际模型出发的漫画家常常弄错,把正六边形涂成了黑色).

为什么阿迪达斯要将这些几何形状组合呢?答案是除了具有惊人的外观外,这还是用平面来制作近似球形的有效方法.试着把任何其他的正多边形拼在一起制成“球形”物体,结果都产生了令人不满意的突出部分和点.尽管当球被充气的时候它们也会光滑到一定程度,但它们仍会破坏球的空气动力学特性.

这种传统的足球形状有一个正式的名字,叫做截角二十面体(truncated icosahedron),也就是我们平时所知的巴克球(buckyball),以建筑师巴克明斯特·富勒(Buckminster Fuller)的名字命名.他发明了一种高强度的、名为测地圆顶的结构形式.在全世界你都会发现这样的屋顶,如迪斯尼未来世界(Epcot Center)和康沃尔(Cornwall)乐园项目.

理想的球

如果所有的镶嵌平面都是相同的正多边形,那么制球者的工作将会容易得多.事实上,正如古希腊人所知道的那样,只有五种这样的设计是可行的.这些就是所谓的柏拉图立体(Platonic solids),由三角形、正方形或者五边形构成,如果它们的表面由弹性足够好的材料构成,那么表面是平的立体可以膨胀成球形.

- 四面体——4个面("hedron"是面的意思),每个面是等边三角形.

四面球

- 立方体——熟悉的骰子,有6个正方形作为它的面.

六面球

- 八面体,或者称之为钻石——8个面,每个面是等边三角形,有点像两个底粘在一起的四棱锥.

八面球

- 十二面体——12个面,每个面是正五边形.

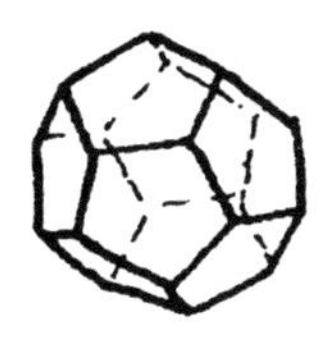

十二面球

• 二十面体——20 个面,每个面是等边三角形.

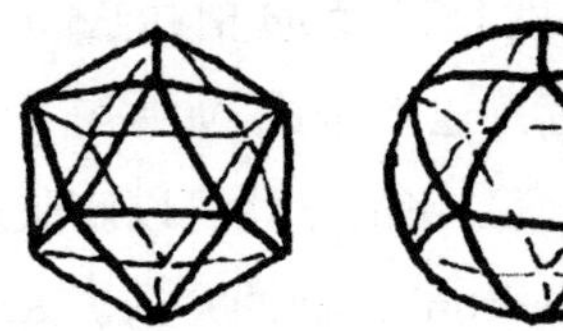
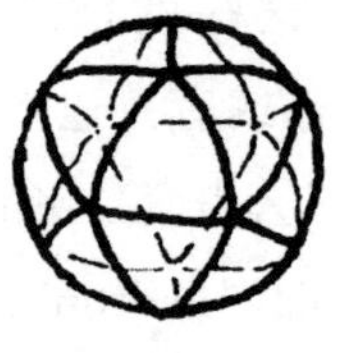

事实上,再也没有其他的立体是由完全相同的等边形状构成其表面的.

前三种“球”和球相差太远以致无法使用.即使在充气的情况下表面弯曲,它们仍有点和边会造成球不可预测地弹起和飞行(即使很接近球形的球,也会出现遭到守门员抱怨的情况).

十二面体和二十面体确实更接近于球形,但两者都还不适合实际使用.二十面体有另外的缺点,就是在每个顶点处有五个面要被缝在一起,这可是在工厂车间里不受欢迎的高精度任务.

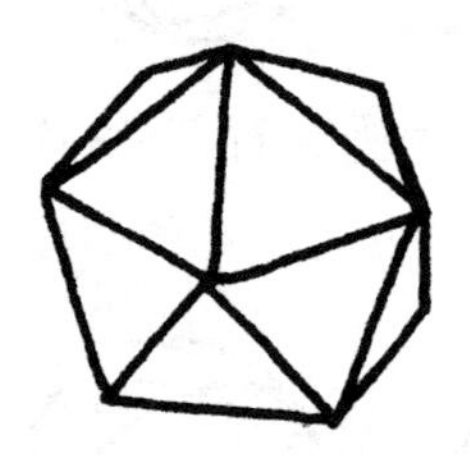

然而,有一个简单的方法可用来解决二十面体的这个问题,就是像下图这样剪去顶点:

这样一来，在每个顶点处只有 3 个面相交，这使得将各块缝合在一起容易多了. 你也会注意到，修剪 1 个顶点将产生 1 个五边形的面. 如果将全部的 12 个顶点用同样的方式剪掉，你将得到 12 个五边形，而原先的三角形表面被剪去顶角的部分后将产生 20 个正六边形.

这就是主导世界足球的截角二十面体. 它天生就和一个由规则形状的面构成的立体球很接近.

事实上，如果让五边形比完美的规则版本稍微大一点，你可以使截角二十面体更像球，这就是一些较好的足球品牌在实际制造中采用的方法. 检查一下现代足球，你会发现六边形并不是那么正的：和五边形共享的边比其他的边要长一点.（当然，如果球的质量不好，六边形也可能不是正的——特别是对于表面的形状是画上去的那些便宜的塑料球.）

如果国际足球联盟想要讨论一个新的足球设计方案的话，他们还有另一个形状可以考虑. 它有 62 个面，由 20 个三角形、30 个正方形和 12 个五边形构成. 它比截角二十面体更像球形一点，并且可以在每一块不同形状的球皮涂上不同的颜色.

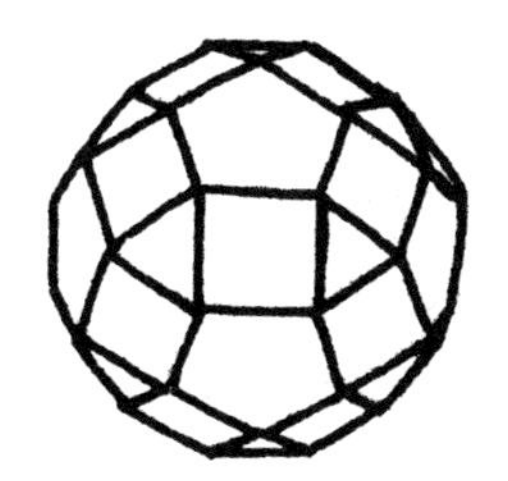

它的数学名字是菱形六十二面体(rhombicosidodecahedron). 一个缺点是，把它读出来就要花去分析的大半时间.

高尔夫球的凹痕

足球不是唯一一种外表面由五边形和六边形构成的球.如果你仔细地检查一个新的高尔夫球,你会发现球面上小的凹痕都有这些形状.这些形状又一次被选择,是因为六边形和五边形是覆盖球形的一种很好的方法,尽管对于高尔夫球而言,它们还有其他用途.一个好的高尔夫球的秘密在于空气动力学.如果一个高尔夫球绝对光滑,那么即使是泰格·伍兹(Tiger Woods)或者约翰·戴利(John Daly),也只能把球击到大约他们目前所击距离的一半远.

高尔夫球带有凹痕的想法来自一个偶然的发现.在19世纪中叶,高尔夫球是由和坚硬的橡胶一样的古塔树的树液制造的,卖的时候十分畅销.过了一段时间,高尔夫球手注意到旧球比新球飞得更远,而两者之间唯一的差别是旧球在经过了长时间的使用后已经有了凹痕和擦伤.制球者因此开始在球上加入犬牙交错的痕迹来复制磨损的效果,经过大量的试验和失败之后,具有标准凹痕的高尔夫球的现代风格形成了.

凹痕的作用是用来调节球受到的空气阻力的大小.它们通过使环绕球表面的空气形成湍流来实现这一点.乘坐飞机时遇到湍流的不愉快经历可能会使你认为湍流是一件坏事情,但当它流经一个移动的球时,结果反而是一件非常好的事情.它使空气非常紧密地环绕在球的表面,同时(工程师已经发现)减少了尾流的规模和与之相关的空气阻力.顺便讲一下,同样的原理解释了是什么使得板球飞起来.板球投手只磨光球的一面,使一面是光滑的,而另一面是粗糙的,这样产生的湍流阻力使球转向.

数学上有一些方法可以解释这一切,但用单独的一段描述远远不够,所以我们只是简单地谈一下观察到的现象:板球可以令人惊讶地转向,有巧妙凹痕的高尔夫球飞行的距离是光滑的高尔夫球飞行距离的两倍.

几年前,高尔夫球上的凹痕通常还是圆形的.它的缺点是在圆形之间还存在相当大的、平整的区域,这些区域不能产生足够的空气湍流.引入六边形-五边形模式意味着凹痕之间平整的区域要小很多,这就增加了高尔夫球手击球的距离.

凹痕的设计技术已经变得极其复杂,不同的制造厂商采用了不同的策略.在一些球上,六边形在尺寸上有所变化——据说大的那些用来减少阻力,而小的那些用来稳定飞行中的球.

其他球的模式

并不是所有相关运动项目的球都采用六边形-五边形原理.球最原始的设计是具有去皮的橘子的外表,缝合线从球的顶部出发直到球的底部,所有缝合线交会于被称为北极和南极之处.

早期的足球就是这种片式设计,简单的杂要球也是如此.迄

今我们仍在使用的1929年皮尔斯(G. L. Pierce)八片篮球设计专利,可能也是受此启发.这种橘子片式设计的缺点在于所有的片交会于一点,这就产生了一个令人不满意的结块.这可能是皮尔斯篮球模式在每片上增加一些曲线,使得它们像下图那样连接的原因.

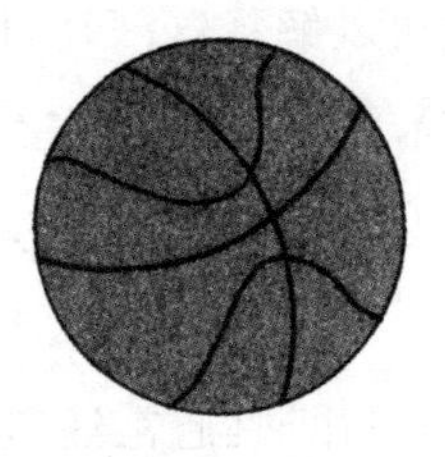

篮圈谜题

下面的图中有一幅代表篮球经过标准篮圈时的轮廓图.哪一幅是正确的?

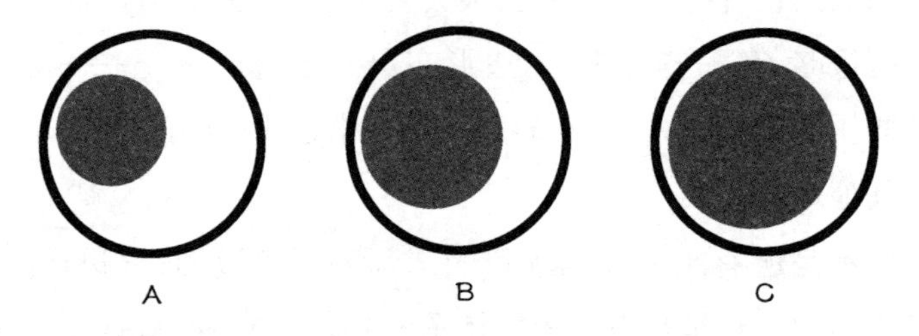

(答案见于本章末)

从审美的角度来讲,最令人赏心悦目的一种球是网球.一条可爱的曲线环绕着球面蜿蜒前行,把球的表面分成了两个相同的区域.

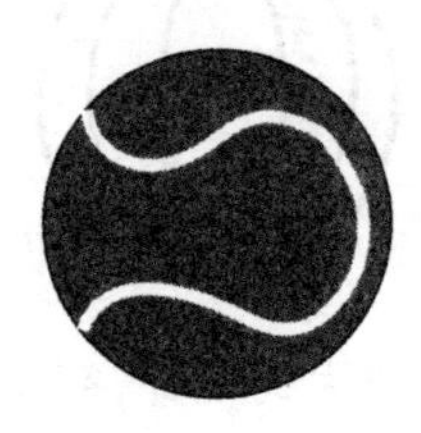

从某个方向看过去,网球实际上很像代表阴阳的符号:

网球的这个设计在19世纪70年代取代了橘子片式的设计,但几乎可以肯定的是,网球偷取了棒球的思想,后者自19世纪40年代起就使用了这个设计样式.

现代足球设计的灵感也是同样的.也就是说,使一个球看起来更像球形,同时使材料尽可能简单且缝针数尽可能少.棒球的发明者发现用两块相同的狗骨头形状的皮可以制造出很接近球形的东西:

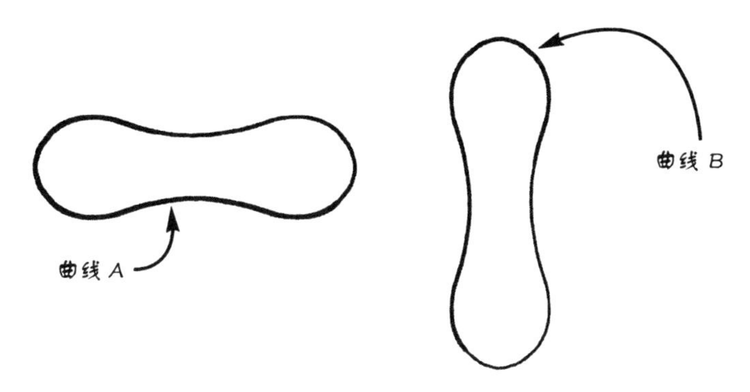

这两块可以缝合在一起,使得曲线 A 和曲线 B 完好地吻合起来.(沿着缝合线切割棒球或者网球,你会发现形状像这样的两块.)

发明者还不清楚要选择哪种形状的狗骨头.你可以大致想象:如果这两块是像下页图所示中间细、两头为球根状的哑铃形,那么它们将会吻合起来.把细的颈部恰当弯曲,圆形的两端就会变得平展.

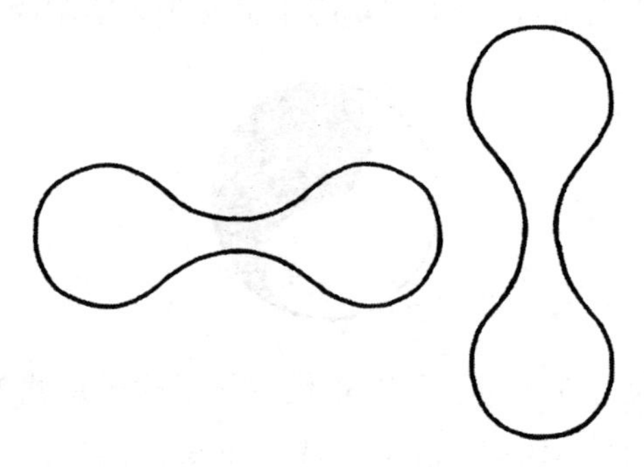

另一个极端的情形是,你有如下图所示的两个长方形:

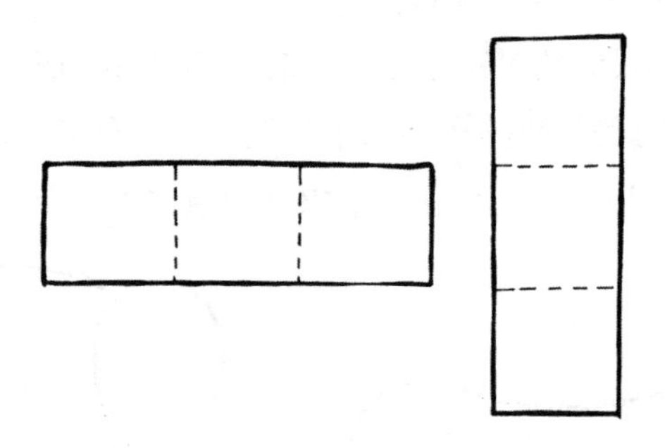

在这种情况下,两块缝在一起制成一个立方体,正如我们前面所见,这绝不是理想的棒球!

最好的球一定是介于两者之间的,但复杂的几何学可能不是那些早期设计者的强项,所以他们使用了下面最好的方法——反复试验.事实上,组合成棒球的每一片的设计受到把它们缝合成球形难易程度的影响.不论是运气或者设计的原因,制做棒球的皮革的形状成为制造球形物的完美选择.

看起来网球的制造方法可能和棒球一样.但事实上,它的内部是由两个半球组成的一只橡胶球.外部的狗骨头状的黄色部分是由弹性材料制成的,且粘在内球上.正因为如此,曲线的形状并不那么重要.事实上,现代网球上的狗骨头形状的颈部比棒球上的要宽一些.

从网球到文氏图

至少有两个数学的奇思妙想受到了网球的启发.

第一个是如果你有一个布满了毛发的球(例如网球),并且试图把所有的毛发梳平整,数学家已经证明那是做不到的.无论你多么努力,毛发彼此靠着会拱上去,总是有隆起部分存在.你可以在有关拓扑的书中找到毛球定理(Hairy Ball Theorem)作为参考.(这个定理的一个结论是,在任意给定时刻,地球表面至少存在一点,在该点处空气完全是静止的.如果把地球看成一个球,把当地风的方向看成"毛发",你也许会看到这两者的等价性.)

第二个和网球有关的思想是文氏图,你可能回忆起学校里所学的用来表明集合相交关系的方法.在纸上画三个相交的集合是很容易的.

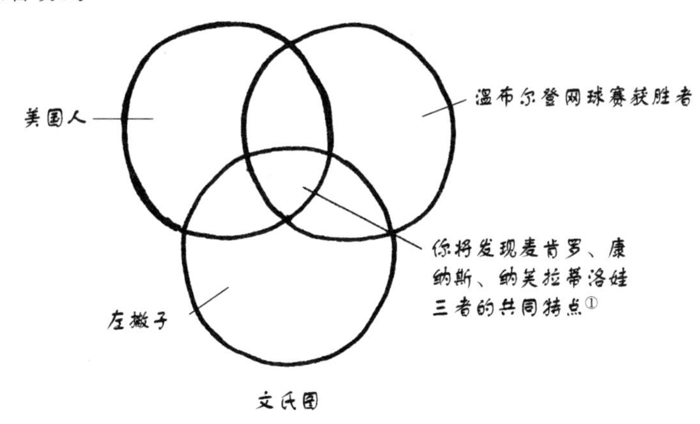

文氏图

[1] 麦肯罗(McEnroe)、康纳斯(Connors)、纳芙拉蒂洛娃(Navratilova)均是左手持拍的美国网球选手,且均为温布尔登网球赛获胜者.——译者注

然而，假设你想要在上面的文氏图中加入另一类，它和其他三类之间的交集都相交，这个图形看起来就混乱多了. 比如，我们想将“参加电视测试的网球运动员”这一类添加到图中.

网球有助于我们解决这个问题. 曲线把球分成两个区域，你可以分别标为美国人和非美国人.

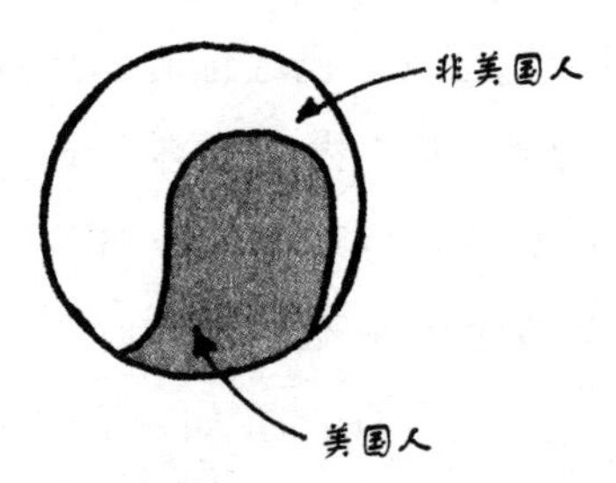

首先标记赤道，剪开缝合线将球分为四个空间相等的部分.(只有一个位置可以让你做到这一点.)这样就把温布尔登(Wimbledon)网球赛获胜者和非获胜者的区域分开了.

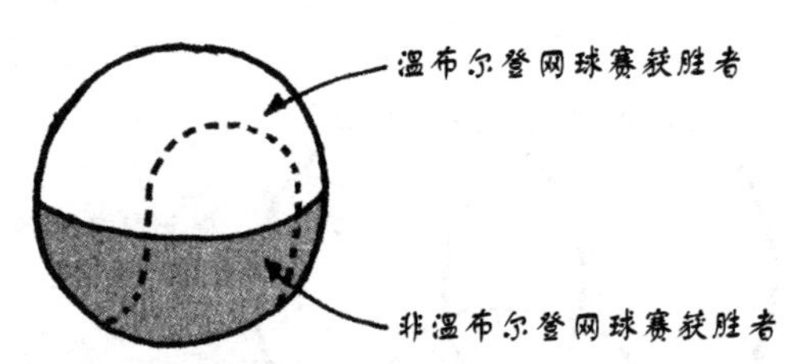

然后定位北极和南极，并沿着一个位于曲带中间的大圆——称之为格林尼治子午线(Greenwich Meridian)——把它们连接起来. 这样就区分了左撇子和右撇子.

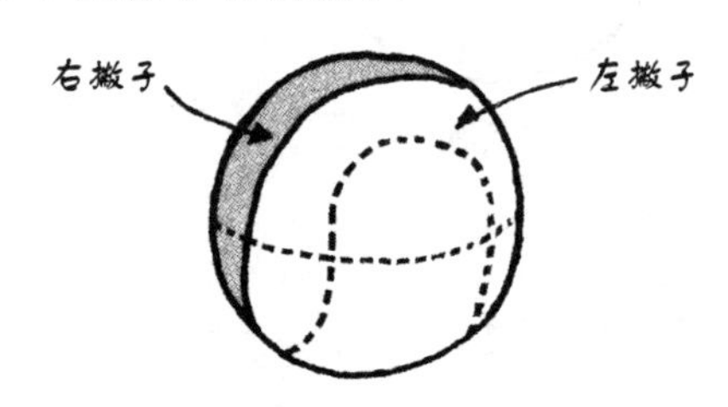

最后,画另一个通过极点、经度为 90 度的大圆,用它把参加电视测试的运动员和其他运动员区分开来.

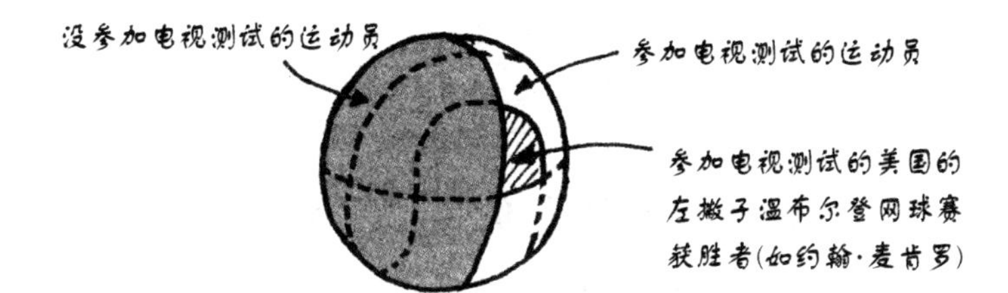

现在你就有了一个文氏图,它代表四个集合的全部区域.由于这个原因,它被命名为文氏球(Vennis ball).

文氏球上代表赢得温布尔登网球赛胜利并参加电视测试的美国左撇子选手区域已在图上标明.我们认为它只包含一个成员——约翰·麦肯罗(John McEnroe).

也许你曾经有使用"文氏球"的实际需要,你本可以在关键时刻向你的对手展示你的天赋.精力不集中可能恰好导致对手发球失误.

关于篮圈谜题的答案

答案可能令你吃惊——是 A.在大多数人的概念中,篮球是紧密贴合篮圈的,所以他们选择 B 或者 C.但事实是,篮球的直径大约为 9.5 英寸,而篮圈的直径是 18 英寸.换言之,你几乎可以同时投两个球进去.

为什么会有这种"篮圈错觉"呢?这是因为人们对于那些从未能走近看清楚的高处物体的尺寸,有一种低估的倾向.同样的原理适用于交通标志和烟囱顶管."篮圈错觉"可能被下列事实加强:想把球投进篮圈太难了,我们假设这是由于目标尺寸太小的缘故.

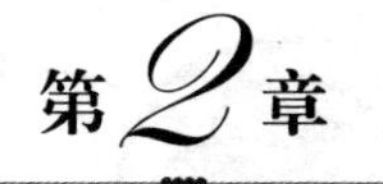

孩子，为什么你不一脚猛射

当体育与博弈论相遇

1996 年欧洲杯半决赛，英国队和德国队以平局收场，双方不得不进入点球大战. 比分打成令人焦躁的 5 比 5，加雷思・索斯盖特(Gareth Southgate)走上前准备主罚下一个点球. 他尽量小心地放好球，然后助跑、起脚射门，守门员向右扑救，轻松地扑出了点球. 德国队的下一个点球手一锤定音，英国队出局了.

“孩子，为什么你不一脚猛射?”赛后索斯盖特的妈妈问道. 索斯盖特夫人显然忘记了，六年前的 1990 年世界杯，在对西德队类似的点球大战中，英国队的克里斯・瓦德尔(Christ Waddle)一脚猛射，球越过了球门的横梁. 事后诸葛亮真是极好的天赋.

罚点球者该如何做呢? 应该大力直射还是定位射门? 应该瞄准左边还是瞄准右边? 当你通过电视观看比赛的时候，这一切显得很简单，但任何经受着精神压力要罚点球的人都会认识到罚点球绝非一次普通的练习. 事实上，那是对于具有迷惑性的复杂博弈论的一次现实应用.

博弈论全部是关于如何做决策的. 更精确地说，它是当你必须考虑你的对手如何思考问题的情况下，如何使你的获胜机会最大化. 它是一个充满欺诈的世界. 它应用于商业，是两个公司尽量在彼此间的广告大战中抢占先机. 它应用于经济学，是诺贝尔获奖者的研究主题. 它应用于战争，是一名指挥官企图欺骗对手，使对手的部队错误部署. 它应用于自然界，是一只羚羊试图向进攻它的狮子虚晃一枪. 它应用于孩子们喜欢的游戏，如“剪刀—石头—布”中. 它也应用于罚点球之中.

策略的选择

点球中的博弈是博弈论中比较简单的一种. 点球手试图进球得分，而守门员当然是力保球门不失. 这两者中只有一人能获得成功，所以这是一场胜利—失败之间的博弈. 或者如果你想给朋友留下一个专业定义的印象，它就是二人零和博弈.

这场博弈的两个玩家有不同的策略可以使用. 点球手可以瞄准左边、右边或者中间，可以瞄准高处或者低处，可以大力射门、定位射门或者轻轻地搓球. 他甚至可以效仿安东宁·帕年卡

(Antonín Panenka),轻轻地将球搓向球门正中间,为捷克斯洛伐克队锁定 1976 年欧洲杯的冠军. 当这一踢法获得成功时,有点过于轻率甚至自大的味道. 但没有成功的软绵绵的临门一脚只会导致蒙羞,就像索斯盖特付出代价后才知道的那样.

同时,守门员会预先决定往左扑救或者往右扑救. 他会试图读懂点球手的肢体语言,或者他会尽量跟着已经离开脚的球,希望可以在球划过球门线的时候使球偏转. 总而言之,有很多种选择. 问题是,对于点球手而言,哪一种是最好的?

通过简化描述,可以比较容易地理解罚点球策略是如何奏效的. 我们假设罚点球者〔称他为贝克汉姆(Beckham)〕只有两种选择:

- 他试图把球踢进球门一角[①];
- 或者……他朝着球门中心附近大力射门.

同时,假设守门员正好有两种策略可供选择:

- 他预先决定向左扑救或者向右扑救;
- 或者……他站着不动.

在这种简化模型下,有四种可能的情形,并且每一种情形可能以不同的概率进球. 例如,假设贝克汉姆选择直射,如果守门员恰巧选择站立不动,那么守门员成功扑救的可能性很大. 在这种情形下进球可能性的一个合理的估计是 30%:

贝克汉姆的选择	守门员行为		
		站着不动	扑向一角
	直　射	30%	
	角　射		

① 为叙述方便,下文简称“角射”.——编辑注

表格的剩余部分可以用同样的方法填充.如果贝克汉姆直射并且守门员扑救,那么进球的可能性很大,估计为 90%.如果贝克汉姆朝球门角射而守门员站立不动,那么进球的可能性仍然很高,尽管可能存在射飞的风险,我们估计进球的可能性为 80%.如果贝克汉姆朝球门角射并且守门员扑救,那么进球的机会可能只有 50%.完整的表格如下:

贝克汉姆的选择	守门员行为	
	站着不动	扑向一角
直　射	30%	90%
角　射	80%	50%

记住这只是现实情况的一个简化模型,仅仅为了说明在这种情况下博弈论如何起作用.

给定这些概率,理论上贝克汉姆面临一个进退两难的困境.如果你是他,你会如何做?

如果守门员站着不动,那么贝克汉姆最好的选择是朝球门角射;但如果守门员扑救,那么大力直射是比较好的选择.所以,贝克汉姆想知道守门员将要如何行动.

同时,守门员知道,如果贝克汉姆直射,那么他最好选择站着不动,因为只有 30%的可能性进球.然而,如果贝克汉姆意识到守门员将站着不动,那么他将朝球门角射,此时有 80%的机会进球.

这就是罚点球者困境的核心所在.单一的策略决不会提供进球的最大可能性:如果贝克汉姆总是选择直射,那么他进球的机会只有 30%,因为守门员将总是选择站着不动;即使贝克汉姆一直选择朝球门角射,他进球的机会也只能增加到 50%,因为守门员将总是选择扑救.

在上面的概率模型中,是否存在一个可供点球手使用的策略,以确保进球的可能性大于50%?恰好存在这样的策略.

不可预测性

在点球的博弈中,如同许多其他博弈一样,关键是不可预测性.贝克汉姆需要把直射和角射这两种策略混合起来应用,但他需要随机地做决定.

随机性有其特定的数学意义.如果先前发生的事对于接下来要发生的事没有任何影响,那么就是随机的.掷硬币(我们将在第6章中讨论)是随机的,因为即使连着10次出现正面朝上,也不会改变下一次掷硬币正面朝上的概率是50%的事实.骰子的滚动也是随机的,滚出6的机会永远只有$\frac{1}{6}$,而不论上一次的情形如何.相比之下,你上一次向右踢、这一次向左踢却不是那么随机的.

贝克汉姆该如何分配大力直射还是朝球门角射并不是那么显而易见.是否应该一半的时间采用大力直射,而另一半的时间采用朝球门角射?在上面的特例中,如果他把两种踢法的时间分为一半对一半,那么结果是(与常识相反)他约有55%的机会进球.然而,他可以进一步提高进球的机会.事实上,如果$\frac{1}{3}$的时间选择大力直射,其余时间选择朝球门角射,那么他进球的机会就会提高到63.3%.如果你想知道这些数据从哪里来,看一下附录吧.

然而,在现实生活中,你能做出随机的选择吗?在第6章,我们将看到人们并不善于拼凑随机的事物,因此物理的辅助设备是必需的．如果贝克汉姆不得不做出一个对半的选择，他可以在罚点球之前偷偷地掷一枚硬币(若正面朝上，则朝球门角射；若背面朝上，则大力直射)．然而，如果划分的比率是 2 比 1，或者任何其他非等分的情形，这样做就不起作用了．事实上，需要做出类似选择的大部分时间，都必有两个不同的机会交替出现．如果你运用一点想象力的话，有很多办法可以实现．

在这个例子中，我们已经说过，平均来讲，贝克汉姆需要把$\frac{1}{3}$的时间用来大力射门．他能使用的一种方法是在将球放在罚球点的同时，瞟一眼体育馆的时钟．时钟上秒针的位置可以作为非常有效的产生随机数的设备，在比赛的任何瞬间，它都会指向一个完全随机的方向．

$\frac{1}{3}$的时间，可能是在正午 12 点和 20 分之间①的位置，其他时间是在 20 分之后．因此，当秒针位于第一段时，他将大力直射；当秒针位于 20 分之后，但还不到 12 点位置时，他将朝球门角射．这

① 指 12 点和 12 点 20 分之间，为叙述方便此处作了省略．——编辑注

就给了贝克汉姆一个随机的选择,精确的$\frac{1}{3}$对$\frac{2}{3}$频率分布. 平均来讲,如果总是使用这个策略,$\frac{1}{3}$的时间他将大力直射,而其余的时间,他将朝球门角射. 可是每一个单独踢的点球都是随机的,就如同掷硬币时出现正面朝上的可能性一样.

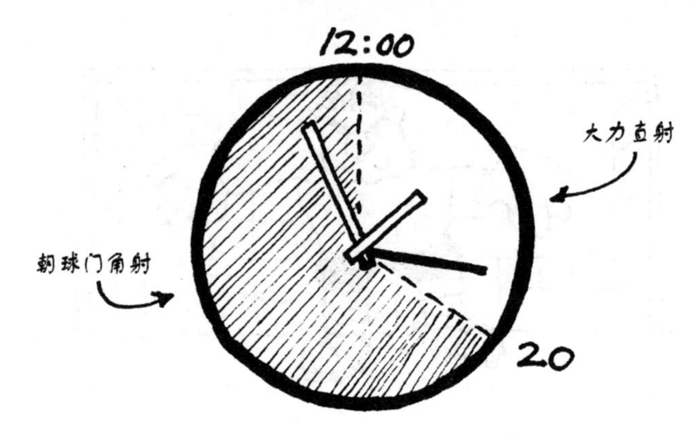

在足球场上还有其他随机产生 1 比 2 划分的方法. 例如,点球手在往回走的时候可以注意看一下,他的 9 名外场队友中哪一个离裁判员最近. 如果那名队友是 3 名防守队员之一,他就大力直射$\left(\frac{1}{3}\right.$的机会$\left.\right)$;如果那名队友是其他的 6 名队员之一,他就朝球门角射$\left(\frac{2}{3}\right.$的机会$\left.\right)$.

同时,守门员也应该做个随机的决定. 运用我们估计的概率,结果是: 如果想最大化地阻止进球的发生,守门员需要$\frac{4}{9}$的时间站着不动,$\frac{5}{9}$的时间扑球. 他也有很多方法来做出选择. 归根结蒂，没有球员会给其他人任何关于他是如何做出选择的提示——如果一名球员泄漏了任何可以联想到他下一步做什么的信息，那么形势将变得对对手有利.

回到现实

在这个例子中，我们作了最大程度的简化，即只允许每名选手在两个策略中选择一个. 在现实中，罚点球者可以将方向、高度、力量等因素作任意组合，从而有几十个甚至更多的选择. 类似地，守门员也有一长串的选择. 然而，原则是不变的. 有一个收益矩阵，显示出两名选手做出的每种选择组合下的进球可能性；有一个系统的方法计算出每名选手的优化策略；并且这两者都需要切实可行的方法——随机设备——来实现他们最优的行为选择.

这一切和现实世界的罚点球有什么实际的联系吗？毫无疑问，联系是存在的，即便在现实生活中，概率不像我们在例子中所使用的那样明确.

2004 年欧洲杯，英国队以 1 比 0 领先法国队，这时韦恩 · 鲁尼(Wayne Rooney)被绊倒. 贝克汉姆主罚点球，被巴特斯(Barthez)扑出. 这一切都发生了，结果舆论开始讨论贝克汉姆是否已经江郎才尽. 其中一种论调认为“他总是向左射，应该改变一下方向”. 问题是，如果贝克汉姆听从了这种建议，那么下一次罚点球的时候他该如何选择？如果他向左射，并且失败了，他将被人嘲笑为“没能从错误中吸取教训”；如果他向右射，每个人都会说他不再是他自己了，他屈从于压力，采纳媒体的建议. 如果很好地接受我们给出的简化模型，他就可以坦率地宣布，每一次罚点球，他都不理会过去，给自己$\frac{1}{3}$的机会大力直射，$\frac{2}{3}$的机会瞄准一个角或者另一个角. 但他每次如何做决定必须是一个完全的秘密.

在那段时间,被巴特斯扑出点球以后实际发生了什么呢? 在与葡萄牙对战的四分之一决赛中,又轮到贝克汉姆来主罚点球. 他设法大力直射,结果把球射高了,偏离横梁上沿好几英尺. 如果他看一眼时钟的话……

可能改变守门员策略的因素

众所周知,罚点球的运动员为了比赛会专门练习一种特别的踢法(例如针对左上角). 只要罚球练习处于保密状态,就不影响我们关于博弈论所作的分析. 但如果比赛中点球手要进行第二次罚球,此时又该如何选择呢? 如果他一直致力于一种踢法,现在他可以重复选择这种踢法,也可以选择尝试一种新的、较少练习因而可靠性较差的踢法. 当要决定如何做的时候,守门员应该把这一点牢记于心. 守门员应该随机地反应,但若朝着上一次点球的方向扑救,机会要增加一点.

给守门员的另一个提示是,注意在球被踢前罚球者的脚. 一项研究发现,85%的时间里罚球者非罚球的那只脚指向他准备射门的方向. 如果守门员对这个线索反应足够快的话,他的胜算将增大.

团队阵容和莱德杯

罚点球可能是欺诈与反欺诈的博弈论应用于运动项目中最常见和最显而易见的情形,但它绝不是唯一的例子. 每一次运动员做假动作或者假装扣球时,他正在利用特别的博弈理论. 因为每一种情形都是不同的,像这样对变化情形的深入分析将增加可靠性,但存在一些博弈论感兴趣的"场面".

一个例子是团队阵容. 同许多运动一样,在足球赛中,通常出场队员的名单直到开赛前才公布. 教练也不确定对手会派什么样的队伍出战，而博弈的战术部分依赖于确切知道对手是谁，这就呈现出几分困境.

最近的一个例子不是来自足球赛，而是来自高尔夫莱德杯.最终，在锦标赛的决赛日，美国队和欧洲队的队长不得不公布各自12名队员的出场顺序.在12场配对比赛的每一场中，获胜者将为他的球队赢得1分.

队长可能选择实力强的队员先出场（为了鼓舞士气，实力弱的队员紧随其后），或者他可能做出完全相反的决定（为了确保实力强的队员出现在压力最大的终场）.另外，队长知道用实力最强的队员去对抗对方实力最弱的队员将是一种浪费.得1分是1分，无论你是通过进10个洞得分还是通过轻轻一击进洞得分.为什么要让泰格·伍兹在他全盛时期对阵欧洲队实力较弱的选手？如果让他对阵欧洲队实力最强的选手，让一个实力较弱的美国队选手对阵欧洲队排名最末的选手，那么他可能对团队更有用.

但谁同谁对战的策略可能受到比赛状况的影响.为了使数据容易处理，我们假设有两支队伍，每支队伍有5名队员.并且假设，总体来说，美国队稍强一点：在10名队员中，他们分别排名1、3、5、7、9；而欧洲队的队员分别排名2、4、6、8、10.我们提供了三组可能的阵容.

在表A中，每场比赛美国队的队员都比对手实力稍强一点.

在表B中，美国队前三场比赛的阵容较强，而欧洲队后两场比赛的阵容较强.

最后，在表C中，欧洲队在五场比赛中的后四场是实力较强的一方（这也是他们期待的最好情形）.

表 A

美国队（队员排名）	欧洲队（队员排名）
1	2
3	4
5	6
7	8
9	10

表 B

美国队（队员排名）	欧洲队（队员排名）
1	10
3	8
5	6
7	4
9	2

表 C

美国队（队员排名）	欧洲队（队员排名）
1	10
3	2
5	4
7	6
9	8

以上三张表产生了三个迥异的场景. 这些会影响结果吗？平均起来，不那么大. 在上面的每一张表中，平均来说，美国队期望 3 比 2 获胜. 然而，表 A 可能的结果范围要比其他两种情况更广，只要看一下每一张表中的第一场比赛，我们就可以知道原因. 在表 B 中，美国队几乎可以肯定赢得第一场比赛. 因为最好的队员与欧洲最差的队员对决. 所以，如果美国队只想赢欧洲队 1 分而获得莱德杯，那么表 B 就会非常合他们的意了，而采用表 A 的对阵策略他们将会冒着失去五场比赛的风险. 另一方面，在表 C 中，欧洲队在四场比赛中有较好的均等机会. 所以，如果欧洲队想要以获 4 分而赢得莱德杯，这张表将比其他两张更适合.

如果已经知晓上述知识，那么两队的队长为了使阵容对自己有利，还要做些什么？

了解对手的策略是有巨大帮助的，这在博弈论中是事实. 如果美国队已经声明他们会让最好的队员首发出场，那么欧洲队就可能相应决定在每个单场比赛中出场的队员，目的是尽可能拿下获取莱德杯胜利的比分.例如,如果只想得1分,那么最好的策略是把出场的顺序反过来,最弱的选手最先出场,期望后面能得分.

还有一个简单的方法,就是确保你的更衣室是防间谍的,这样就迷惑了狡猾的对手.实施策略是以完全随机的顺序用帽子抽取名字.这样就阻止了对手可以影响配对组合的任何一种方法.只要他们没有得到实际的出场顺序,即使知道你的策略也没有用.

再一次,随机性起到了拯救的作用.在这种情况下,不需要偷偷地看时钟了.

第3章

一点看法

观众和裁判员看到的不同之处

1973年,野蛮人联队(Barbarians)在与强大的新西兰全黑队(New Zealand All Blacks)的角逐中,呈现给大家一场最令人激动和最激烈的橄榄球比赛.

那场比赛中的一个时刻永远留在了橄榄球的历史上.投球手投出的球掠过包括7名防守球员在内的全场.当菲尔·班尼特(Phil Bennett)拼命跑回自己的底线捡回失球时,克里夫·摩根(Cliff Morgan)开始了值得纪念的电视评论:

> *这是伟大的控球,菲尔·班尼特正在掩护,阿里斯泰尔·斯卡(Alistair Scown)正在追赶他……[班尼特横跨一步躲闪,脱离了麻烦]……聪明,噢,太聪明了……约翰·威廉姆斯(John Williams)……普林(Pullin)……约翰·道斯(John Dawes)……漂亮地声东击西!给大卫(David)——汤姆·大卫(Tom David).半场线.聪明的金内尔(Quinnell),*

这是加雷思·爱德华兹(Gareth Edwards)……一个巨星……得分!!!

对于那些看过这一带球触地得分的人们,那些话仍然激动人心.

然而,一个虽小但关键的要点,被热爱这一带球触地的人们轻描淡写地一笔带过.如果裁判员严格按照橄榄球的规则12(早已从空中观察中获益),那么这一带球触地是不被允许的,因为它至少包括"向前传球".这并不是破坏这一规则的唯一闻名的带球触地.严格地讲,也许那些伟大的跑动过程中的带球触地,有一半都是由于同样的原因而不被允许.接下来我们将作出解释.

向前传球

橄榄球的一个重要规则是关于如何传球的.向前传球(正式的称谓是向前传)是不被允许的,这就是为什么在进攻过程中接到球的球员总是平齐或者稍微落后于扔球给他的球员.这个简单的规则保证橄榄球球员编队有序,而不是像足球运动员那样分散在运动场上.

规则12旨在解释什么是向前传球.它写道:

> *定义——向前传球*
>
> *向前传球发生在当一名球员投球或者向前传球时."向前"是指朝着对方球队的球场界线.*

现在考虑典型的进攻过程中发生了什么.

史密斯(Smith)正在带球跑动,他想把球传给琼斯(Jones).双方的运动员正在朝着对方底线跑.从盘旋赛场上方的小型飞船上看,很明显琼斯比史密斯靠后,所以史密斯指向的方向事实上远离另一队的球场界线,恰如橄榄球规则所要求的.

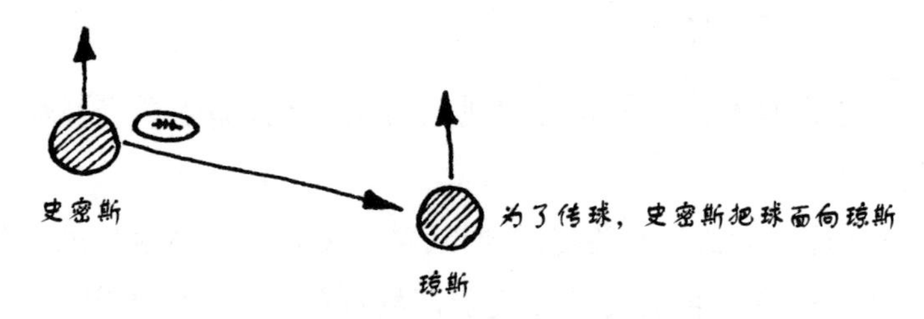

琼斯得到球以后,冲向底线获得令人激动的触地得分.所有这一切看起来是有序的,直到你考虑当球在飞的过程中,到底发生了什么.琼斯正在快步飞奔,所以当他向前跑的时候,也许只有几米,传来的球正在空中向他飞来.这个传球是成功的.事实上,球已传到他的手上,而不是在他前面两米远的位置.这意味着球的实际运动路线一定是像下图所示.

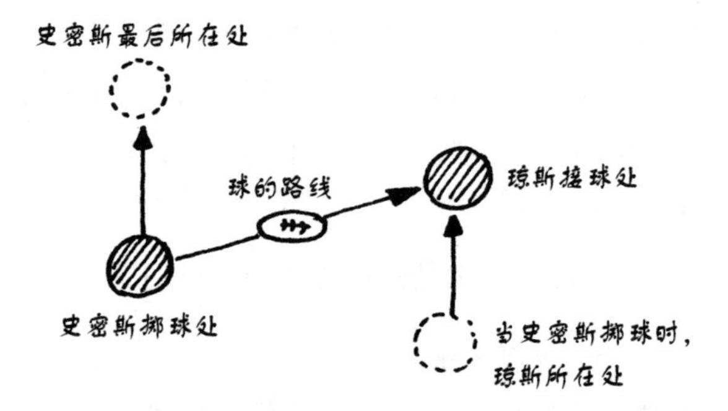

从我们的小型飞船上可以清楚地看到球已经向前,即使琼斯一直落在史密斯的后面.

所以,如果史密斯向后掷球,球也会向前吗?解释是球相对于史密斯确实是向后的.一个持续显示的方法是用箭头代表不同的运动(更正确的说法是向量).史密斯向前运动用下图左侧的箭头表示,向后扔球用指向右下方的箭头表示.当这两个向量合成后,图示给出了我们上面见到的向前运动.

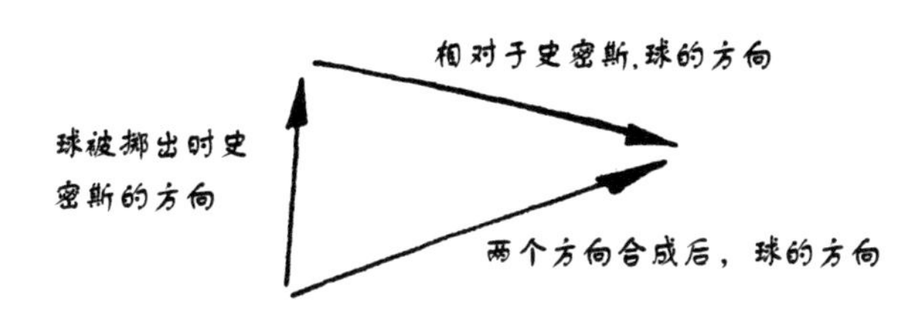

对于一名电视观众,转播镜头与比赛场景是同步的,所以球向前运动经常是很明显的.(特别地,如果球场上的传球恰巧很接近一条线,那么相对于地面,球的运动是很清楚的.)但是,当传球者一直向前跑,司线裁判(跟着运动员跑)很可能举旗.只要疾跑的司线裁判注意到球在他的相对后面,它就是合乎规则的.

存在一个有趣的例外.通常一名球员在被对手抱住并摔倒完全停下之前,他会传球.这时,接球者接到了球,显然他在传球者的前方,裁判吹响了哨子.这显然无法令人满意,因为如果传球者可以跑的话,同样的传球是被允许的.也许这里有一个经验:如果你将要被阻截,就不要试图向侧面传球.

改变规则

一些人感到橄榄球的规则 12 需要作一些更改,以去掉这些明显的缺陷.一个更改的建议如下:

当球传出的那一刻,接球球员应该在传球球员的后面.

最终,这成为橄榄球中踢球的原则,却为什么不是传球的原则呢?(再回忆一下足球中的越位规则:当球员在被踢的皮球后方或者与皮球齐平时,他是不越位的.)然而,这将允许球被故意地向前抛.假设传球者站着不动,在这个新的解释下,他现在可以向前抛一个高弧线球,越过防守者,允许防守者后面的侧翼运动员以全速疾跑,在前面接到球.这将改变整个橄榄球的动态,一定不被接受.

大多数人解释规则 12 的方法表明这一规则实际上被解释成这样:

> *当球传出的那一刻,传球者应该相对于他自己的运动方向向后投球.*

如果他刚传出球就被抱住并摔倒了,这将允许球相对于传球者向前运动.理论上这是可行的,但对于裁判员和观众来说却是不想要的.

为了保持现状,我们需要一个规则,它可以模拟在实际的比赛中出现的情形.看起来裁判员应用的规则是球不能明目张胆地向前传.(容易判断并且没有太多中止.)本着这种精神,我们建议规则 12 改成如下措辞:

> *当接球者接到球的时候,他应该平行或落后于传球者.*

我们承认这还会引起麻烦，因为它没有包括传出的球弹回和向前漏接的情形. 但历史上如果使用的是这个版本的规则，它将确认野蛮人联队的带球触地的合法性，并且有数百万的橄榄球迷全力支持这一结果.

挑战 LBW(用腿截球)的神话

向前传球并不是评判者为安逸的生活捏造一个几何真相的唯一例子. 当在板球中运用 LBW 规则时，出现了类似的熟视无睹.

LBW，代表用腿截球(leg-before-wicket)，是任何运动中最有争议的规则之一，部分原因在于它非常依赖于裁判员的观点. 这个规则的目的再明显不过了. 板球运动中击球手应该用他们的板球棒保护自己的球门. 如果他们恰好像米其林(Michelin)男人那样，把自己垫在三柱门的前面，那么即使对于那些刚对板球着迷的人们来说，板球也将成为一项特别枯燥的运动. 这就是为什么要引入一个规则来惩罚击球手，如果他用除了球棒以外的任何东西阻止球击三门柱.（这个规则就是众所周知的用腿截球规则，它

等价于用手截球，用屁股截球，如果击球手弯下身体至足够低，甚至可以用头截球.）

然而，魔鬼总是在细节中. 由于各种原因，LBW 已经发展成一个充满了借口的规则. 在着手描述下面的规则之前，你可能希望深呼吸一下.

复杂的 LBW 规则

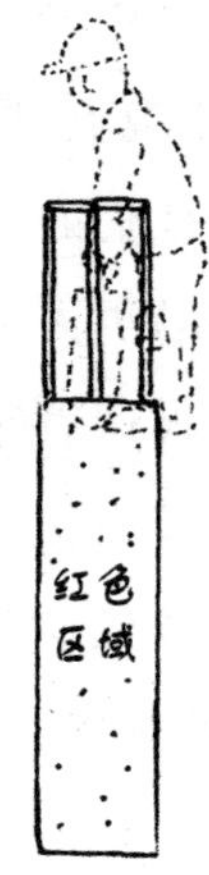

我们将采用一个在电视节目中用过的术语，记两组门柱地面之间的狭窄带为“红色区域”. 所给出的描述来自裁判员的观点，并适用于右手击球手. 对于左手击球手，请自行调整. 如果球击到击球手的腿（或任何除了手套以外的身体其他部位）并且原本球将击中门柱，那么它是 LBW. 具体而言，LBW 存在如下两种情形：

1. 在红色区域内球击中击球手；
2. 在红色区域的左边（边外）球击中击球手并且击球手没有试图击打它.

然而，如果球打到红色区域的右边（在边上），那么不能依据 LBW 判击球手出局.

……好了，结束了，你可以放松一下.

也就是说，当球打到击球手的衬垫上时，裁判员不得不作出一系列关于球的轨迹的判断：球撞到击球手的哪里，球是投向哪里的. 我们认为这并不容易，并且电视评论员提醒我们，裁判员没有享受到慢动作回放带来的益处. 但有一种情况裁判员经常没有充分考虑证据，就判决“没有出局”.

这发生在当一名左手投手投掷一个球到右手击球手时（或者

相反;尽管出于某种原因,裁判员似乎对右手投手更加宽宏大量一些).在这种情况下,流行的观点是:对于投手来说,投出直线运行的球,达到 LBW 是不可能的.投手从哪个角度投球是有争议的,如果球在允许的红色区域弹回,那么它就不可避免地将错过球门.

用一个草图试验一下是很容易的.球场的宽度是 9 英寸,长度是 22 码(或者如果用公制单位的话,就是 22.86 厘米和 20.12 米).为了使这个区域更明显,相对于其长度,我们适当增加了它的宽度.①

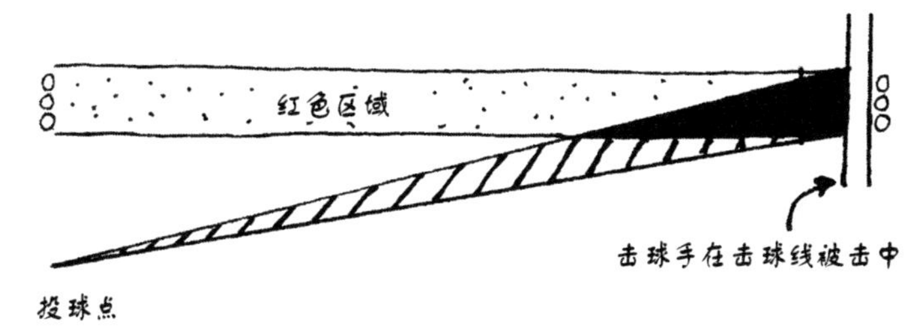

阴影和黑色三角显示打算击中球门柱的球直线运行的区域,只要它没有弹回来太高.如果这是一个左手投手对左手击球手的话,那么球可能弹到阴影区域里的任何地方,并且是合规的 LBW 区域.

这块黑色的阴影区域意味着球击中三门柱并且投掷在红色区域内.这可能是所有投掷中的一小部分比例,但这个比例确实不为零.即使当击球手正伸展着向前,球撞到击球手(由虚线表明,见下页图),仍存在相当一大块黑色区域.此外,投球手掷球时

① 这并不能改变我们看到的各种区域的相对尺寸.

离三门柱越近，黑色区域就越大．像艾伦·戴维森（Alan Davidson）、瓦西姆·阿克拉姆（Wasim Akram）等投球手，或者像弗雷德·楚门（Fred Trueman）等右手投球手，他们离三门柱太近了，以至于有时会一不小心击落三门柱上的横木，因此制造了比杰夫·汤姆森（Jeff Thomson）更多的 LBW 机会，而杰夫·汤姆森经常从一个更宽的角度投球．

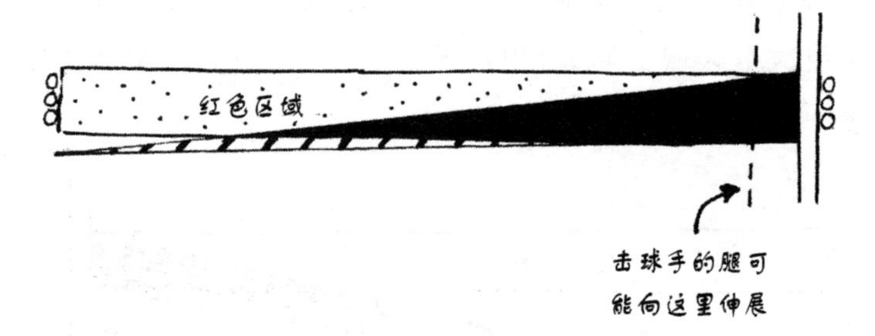

假设投球手恰好在离三门柱 9 英尺的地方投球，目标是较远的球门柱，并且球没有向一旁偏离，那么当球落于击球手这半场的时候，球是击到了黑色区域．如果投掷点是离三门柱 18 英寸的位置，那么黑色区域的左边顶点将下方的球场边线分为 2∶1 的两段，大约离三门柱 22 英尺远．即使击球手尽可能跑得远，他也几乎不能提高避免 LBW 的机会．

事实上，如果球投掷不到球场的 $\frac{2}{3}$，那么它很可能因反弹太高而不能击中三门柱．但仍意味着在黑色区域里，全部直线投掷可能击中三门柱的比例依然非常大，这样裁判员就应该比投球手还要宽宏大量一些．①

① 事实上，作者中的一位是和这个讨论毫无关系的板球投手．

或许裁判员不愿给 LBW 的一个原因是,根据裁判员自己的透视图,球可能已经越过了三门柱角线. 从电视镜头来看,一段很长的距离被缩放,红色区域看起来是长的、窄的长方形. 但从裁判员的视角来看,情况是不同的. 如果红色区域在球场上被绘色,那么裁判员将看到如下图所示的情形:

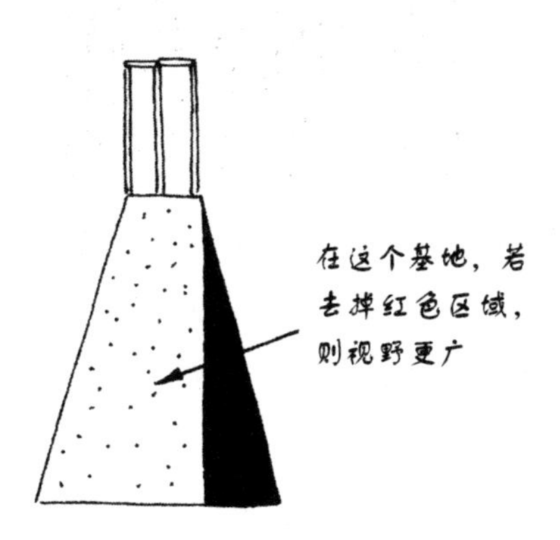

感谢透视图,红色区域看起来在近三门柱一头比裁判员一头更窄. 这就意味着如果一个球反弹到窄的黑色三角区域,它可能已经在门柱角的外面了. 而事实上,它反弹在内部. 这就是裁判员在证据不足的情况下假定击球手未犯规的另一个原因.

扭曲的广告

橄榄球和板球分享的另一个例子是扭曲的透视图. 这两项运动都有不光彩的地方,他们把主办方的名称绘在神圣的赛场草皮上. 从体育场上方高飞的小型飞船上看,那名称看起来完全被扭曲了,如下页图所示.

但对于接近场地水平位置的电视镜头来说,这个词看起来完全成比例. 你可以在某种程度上实现这种效果,握着带有上图的这页纸,从一个低的角度向上看这个单词. 接近时,“SPONSOR

(赞助)”这个词看起来没有变形,我们的眼睛被愚弄了,认为这个词是竖直立着的.设计者通过竖直方向(为了补偿相机的倾斜)和水平方向(为了补偿后退的距离)伸展词语,补偿了透视的影响.为了得到正确的比例,我们需要一些精巧的几何学,或者大量的反复实验.对于电视观众而言,这个效果是令人不安的,因为这个变形图像使人产生了这只不过是位于场地中间的平常广告板的印象.当球落于广告上,球员跑着去救险球的时候,你已经吓得要叫出来——“当心广告!”

第4章

裁判员的判断

主观评分的问题

拳击和花样滑冰有什么共同之处吗？乍一看，没有什么. 但如果这是突然出现的测验题，那么你可以提供至少两个似乎合理的答案.

第一个就是声名狼藉的托尼娅·哈丁(Tonya Harding)曾经试图染指这两项运动. 哈丁，你可能会回忆起，曾被指控在1994年利勒哈默尔(Lillehammer)冬季奥林匹克运动会(Olympics/

Olympic Games,简称奥运会)到来之前,雇佣党羽袭击她在滑冰场上的劲敌南希·克里根(Nancy Kerrigan),从而在美国成为公众的头号敌人.尽管膝盖受伤,克里根还是获得了银牌,而哈丁受到了她应得的惩罚,彻底与奖牌绝缘.几年以后,她不可思议地从花样滑冰转向了拳击运动.

第二个拳击和花样滑冰之间的联系是两者都颇具争议.这两项运动通常都依赖于裁判团的主观评价来给竞争者评定级别.

在情况最好的时候,对运动员的等级评定是争论的起因,但当裁判团成员的个人观点成为重要因素的时候,那可就一团糟了.在一些场合,裁判员的公正与否成了问题,即使采用了不可思议的评分系统,好像也于事无补.当说到评分系统时,拳击和花样滑冰拥有同样不可思议的评分系统.

霍利菲尔德对刘易斯的争议

让我们从一个职业拳击赛的例子开始.1999 年 3 月,伊万德·霍利菲尔德(Evader Holyfield)对战伦诺克斯·刘易斯(Lennox Lewis),争夺世界最重量级拳击手冠军.这对于这项体育运动是一个好消息,因为它是如此地不完善,以致在任何时候每个体重级别都有几个自认为是正式的拳击“官方”机构授予的世界冠军.

比赛是一流的.在搏击的最后,几乎所有裁判的裁决和大部分观众都认为刘易斯占据了主动.他已经用拳头发起了最猛烈的攻击,在大多数回合里都占据了主动.然而,他没有发出摧毁性的一击,所以比赛进行了完整的 12 个回合.最后的决定取决于 3 名裁判.

对于这样一场虎头蛇尾的比赛，令大多数目击了整场战斗的人们感到震惊的是，裁判宣布比赛结果是平局. 超过 21 000 名观众对此结果表示不满，猜想这场比赛受了操纵. 是这样吗？不可思议的拳击比赛评分规则或许才是罪魁祸首？

在职业拳击比赛中，裁判在每一回合都会对选手作出评价. 整场比赛每名裁判独立给出分数. 他们不知道其他裁判给出的分数. 这一回合的获胜者得到 10 分，失败者得到称之为“成比例”的分数.

然而，实际上，比例和得分没有什么关系. 一个回合的失败者几乎总是得到 9 分，除非他(或她)不止一次被打倒并且站起来，在这种情况下，比分可能是 10 比 8，10 比 8 是很少出现的. 10 比 7 几乎没有听说过. 实际上，拳击比赛是由一系列比分为 10 比 9 的回合构成的，对于胜者，最好称为 1 比 0 获胜. (如果一个回合被判为平手，那么每个选手都得 10 分，这样的一个回合最好称为 0 比 0.)

在刘易斯对霍利菲尔德的这场比赛中，有 3 名官方裁判，美国的尤金伲亚 · 威廉姆斯(Eugenia Williams)、英国的拉瑞 · 奥康奈尔(Larry O'Connel)和南非的斯坦利 · 赫里斯托祖卢(Stanley Christodoulu). 根据评分表，每一个回合都不是平手，比分都是 10 比 9.

最后累加所有的分数，美国的裁判判霍利菲尔德以 115 比 113 获胜，南非的裁判判刘易斯以 116 比 113 获胜，英国的裁判判为 115 比 115.

如果比赛由累计的全部分数决定，那么刘易斯将以 1 分优势获胜. 但事实不是这样. 每名裁判只是宣布他认为哪个选手获胜，一个人宣布霍利菲尔德,一个人宣布刘易斯,一个人宣布平局.因而最终的裁决是平局.

在下面的表格中,我们总结了在每一局中裁判是如何评分的.L代表裁判认为刘易斯领先,H代表裁判认为霍利菲尔德获胜,D代表平局.

裁　判	回　合											
	1	2	3	4	5	6	7	8	9	10	11	12
威廉姆斯(美国)	L	L	H	H	H	L	L	H	H	H	H	L
奥康奈尔(英国)	L	L	H	L	L	H	D	H	H	D	H	L
赫里斯托祖卢(南非)	L	L	H	L	L	L	L	H	H	H	D	L

根据威廉姆斯的评判,霍利菲尔德以7比5击败刘易斯;奥康奈尔的评判中,除去两个平局,比分是5比5;赫里斯托祖卢认为,除去一个平局,刘易斯以7比4获胜.所以,同总分数一样,按照回合计算,刘易斯以一个回合的优势获胜.

还有其他的方法可以用来组织拳击比赛的评分规则.例如,每一个回合可以根据多数的裁决得分.在这个规则下,刘易斯将以3比0赢得第一、第二回合,第四到第七回合他将以两票对一票获胜,以此类推.你可以很快看到这种评分方法会使刘易斯以7比5胜出.

事实上,唯一造成综合起来是平局结果的评分系统正是所采用的奇怪的系统.是贿赂吗?不是.是有瑕疵的评分系统吗?绝对是!

裁判员之间的比较

拳击评分系统的部分问题是裁判员必须先作出各种主观的

判断，然后由这些综合出一个单一的结果. 除了干净利落的一击，防守、主动性和风度都会给分. 你如何给出各项的分数？

由于四舍五入，美国裁判投票给霍利菲尔德而其他两名裁判投给了刘易斯. 这种 2 比 1 的决定总是不时地发生，但就这个案例而言，有更多的东西蕴含其中而并非显而易见.

比赛之后，很多评论员和新闻记者被要求对每一回合给出他们的裁决. 这里有他们裁决结果的列表，前面三个是官方裁判的裁决，紧跟着的七个是“媒体裁判”的裁决：

裁判	回合											
	1	2	3	4	5	6	7	8	9	10	11	12
威廉姆斯	L	L	H	H	H	L	L	H	H	H	H	L
奥康奈尔	L	L	H	L	L	H	D	H	H	D	H	L
赫里斯托祖卢	L	L	H	L	L	L	L	H	H	H	D	L
媒体裁判 1	L	L	H	L	L	L	L	L	H	H	L	L
媒体裁判 2	L	L	H	L	L	L	L	L	H	H	L	L
媒体裁判 3	L	L	H	L	L	L	L	L	H	H	L	L
媒体裁判 4	L	L	H	L	L	H	L	L	L	H	L	L
媒体裁判 5	L	L	H	H	L	L	L	L	L	H	L	L
媒体裁判 6	L	L	L	L	L	L	L	L	L	H	L	L
媒体裁判 7	L	L	H	D	L	D	L	H	H	H	H	L

七名媒体裁判中的六名认为刘易斯至少以 9 比 3 轻松获胜，另一名媒体裁判(第七位)认为两人平手. 这十个人观看的是同一场比赛吗？

拳击裁判被要求根据每一回合的实际情况打分，不要让前几个回合的裁决影响当前回合的裁决. 非官方的裁判似乎很少注意这一点，我们不能忽略人们可能产生潜意识结论（群体意识），媒体裁判1、2和3对每一个回合的裁决完全相同！

即使这样，其中两个回合的裁决结果特别让人震惊. 在第五回合，没有一个媒体裁判同意美国官方裁判的裁决. 威廉姆斯认为霍利菲尔德获胜，而他们每个人都认为刘易斯获胜. 看起来在那一回合威廉姆斯的裁决至少有疑问.

第六回合同样相当有趣. 那一定是一场旗鼓相当的比赛，因为六名裁判投票给刘易斯，而四名投票给霍利菲尔德. 但尽管如此，没有人认为那是场平局. 如果他们的比分确实十分接近，那么应该有裁判发现分数如此接近以至于无法裁决才是?

看起来，裁判的倾向总是尽可能避免给出平局的裁决. 再加上以下事实，除了偶尔的情况，一位拳击运动员轻松胜出一个回合与险胜一个回合之间并没有什么差别，这就是为何拳击比赛可以产生反常的结果.

在奥运会上广泛看到的业余拳击比赛情况却是不同的，并且做得更好．两分钟为一个回合，在四个回合的每一个回合中，裁判给出每一次击打的分数．如果一名选手在一个回合里占有绝对优势，另一个回合打成平手，其他两个回合得分勉强超过对手，那么他将得到获胜的裁决．如果职业拳击比赛遵从这个规则，那么在终裁之后将少有争端．但也许就是这点，争议持续，金钱却滚滚而来．

奥运会的偏见

奥林匹克运动中使用的较为明智的评分系统使得拳击比赛中评分的主观性大为降低．然而，在奥运会的其他项目上，特别是那些“艺术印象”起作用的项目，我们会看到另一番描述．下面将讨论一些“艺术的”运动项目所采用的不同的评分方法．

艺术评分

毫无疑问，跳水、花样游泳、体操和其他比赛项目有不同的评分系统．和动物进化一样，运动也以不可思议的方式在演化，结果通常并无特别的逻辑可言，除了“那恰恰是它演化的方式”．

例如，在体操项目中，六名独立的裁判给运动员的表现打分，从0到10，以1分的$\frac{1}{20}$为一个增量，换句话说，9.50、9.55、9.60、9.65，以此类推．去掉最高分和最低分，运动员的成绩是中间四个分数的平均，精确到第三位小数．一名鞍马运动员的中间得分分别为一名裁判给的9.70分，另外三名裁判给的9.75分[①]，那么他的最后得分将是9.737分．严格地讲，得分应该是9.737 5，但第四位小数是忽略的(因为实际上是向下舍去的)．如果两名运动员的得分彼此非常接近，会有这种情形：舍入成三位小数可能改变最后的名

① 原文为“分别为一名裁判给的9.75分，另外三名裁判给的9.70分”，有误．——译者注

次.出现这种情况的概率是很小的,但是如果裁判员完全忘了要作平均,而只是把原始得分相加的话,就可以避免了.

同样地,在跳水比赛中,比分的增量是较大的0.5,也是从0分到10分.这次,七名裁判给出评分,最高分和最低分同样被忽略,剩下的五个分数相加.为了把没有希望取胜的运动员阻挡在外,所得的总和乘0.6后再乘每一跳的难度系数(它是由技术难度决定的).换句话说,

$$\text{得分}=\text{裁判总分}\times 0.6\times\text{难度系数}.$$

这看起来是没有理由的复杂系统.0.6和最后的名次是完全不相关的,可以省去.为了和目前使用的得分水平保持一致,难度系数需要按比例变小.

从体操到花样游泳,有关偏见的指责无处不在,而且多年以来一直络绎不绝.事实上,BBC(英国广播公司)的评论员艾伦·威克斯(Alan Weeks)对于他所报道的一次事件特别兴奋——"俄罗斯的裁判由于公正的原因,已经被停职了".然而,如果你想亲眼看见明目张胆的串通,你只要观看欧洲电视歌曲大赛(Eurovision Song Contest)(还不是奥林匹克运动项目).在那里,举例来说,希腊总是打12分给塞浦路斯,反之亦然.

前文中我们注意到,当有多名裁判时,得分是去掉最高分和最低分后计算得到的.这是一个可以消除极端偏见的明显方法.例如,假设一名腐败的裁判为了减少他们的总分数而给一名选手低分.

七名裁判的评分如下:

如果我们把全部得分取平均,结果将是普普通通的 8.771 分.但如果去掉最高分和最低分,其余分数的平均分是 9.10 分.即使有偏见的裁判给出了令人气愤的 6.5 分,最后的得分还是相同的.他的计划失败了——或者至少,他的影响减少了.

然而,有偏见的裁判对比赛结果还是产生了影响.假设他“客观”的评分是处于中间的,如 9.1 分.如果他诚实给分,而 8.9 分这一评分将被去掉,那么运动员的最后得分是 9.14 分.这个诚实打分的结果只比不诚实打分时高出微弱的 0.04 分,但就是这样小的差距也可以产生金牌和银牌的差别,或者根本没得到奖牌.

双人滑争论

让我们回到滑冰比赛,因为最近奥运会裁判争议最大的两个事件是发生在溜冰场上,它们都发生在 2002 年盐湖城奥运会上.主观评分和不合理的评分系统再一次成了罪魁祸首.

在那场令人震惊的双人滑决赛表演之后,人人都希望加拿大选手杰米·塞拉(Jamie Sale)和大卫·佩尔蒂埃(David Pelletie)能获得金牌.让人们不敢相信的是,裁判把冠军给了俄罗斯选手,尽管这对选手出现了显而易见的失误.这引来了自从霍利菲尔德对刘易斯一战之后再也没听到过的一大片嘘声.

后来,法国裁判承认迫于压力和其他裁判串通,违背自己的意愿把票投给了俄罗斯选手.公正最后还是来了,俄罗斯和加拿大选手同获金牌.同时这名裁判被解雇了.

这种情况和同届奥运会中的单人滑项目是不同的,人们也认为单人滑的裁决有失公正,但是这次理应受到责备的是评分系统而不是裁判.

首先,事实是这样的.花样滑冰由两项比赛组成.第一项是短节目,表演者需要在一定时间内完成大量的技术动作.第二项也是更重要的一部分,即自由滑项目,根据他们自己选择的风格,表演者有更多的时间和更大的自由来设计他们的动作.

这是在盐湖城发生的事情.关颖珊(Michelle Kwan),美国的宠儿,最有希望夺冠的选手,在进行了短节目后处于领先地位.当自由滑项目进行的时候,情况看起来对关颖珊也不错.事实上,只剩一名选手还未出场,关颖珊依然处于金牌的位置.当最后一名选手,在短节目中排名第二的阿丽娜·斯卢茨卡娅(Irina Slutskaya)踏上溜冰场的那一刻,排名看起来如下:

金　　牌	关颖珊(美国)
银　　牌	莎拉·休斯(美国)
铜　　牌	莎夏·库恩(美国)

因为只剩下一名选手还未表演,你可能认为关颖珊至少能得个银牌.事实上,任何其他的运动都会是这样的.但是你低估了错综复杂的花样滑冰评分系统.

接下来发生了什么？由于斯卢茨卡娅的表现，关颖珊从金牌位置滑落到铜牌位置，而莎拉·休斯(Sarah Hughes)跃升至金牌位置.

你能想象什么样的评分系统能导致这个奇怪的有违常理的结果吗？如果你能，你近乎天才；如果你不能，接着往下读——但你可能想要先喝点酒把自己搞晕.

提及花样滑冰的评分，你可能会想起那些得分板上闪烁的5.6分和5.7分之类的.然而，对于这些分数本身而言，它们实际没有那么重要.它们只是用来在每一个环节给运动员排名次的.这是因为并没有把短节目的得分和自由滑项目的得分加在一起(你可能会认为这是显而易见的好方法)，当局用他们的理智决定选手的名次将被加在一起.

盐湖城奥运会上使用的评分系统是这样的.首先，自由滑项目的第一、第二和第三名分别被赋予1.0分、2.0分和3.0分.为了反映短节目不及自由滑项目重要，短节目的第一、第二和第三名分别被赋予0.5分、1.0分和1.5分.这两个得分相加，得分最低的人将获得冠军.

关颖珊以绝对优势获得了短节目的冠军——事实上，所有裁判都给了她难以置信的5.9分的艺术印象分.但这些价值并不大.她获得了0.5分(冠军得分)，即使她的得分只比第二名高出一点，也会如此.短节目后前四名得分如下：

1	关颖珊	0.5
2	阿丽娜·斯卢茨卡娅	1.0
3	莎夏·库恩	1.5
4	莎拉·休斯	2.0

在自由滑项目上，休斯确实比关颖珊完成得好. 现在到了斯卢茨卡娅要出场的最后关头，临时的奖牌榜看起来如下：

		短节目	自由滑项目	总分
1	关颖珊	0.5	2.0	2.5
2	莎拉・休斯	2.0	1.0	3.0
3	莎夏・库恩	1.5	3.0	4.5
4	阿丽娜・斯卢茨卡娅	1.0	?	?

到目前为止，关颖珊还是领先于休斯的. 如果斯卢茨卡娅滑得真的很好，她在自由滑项目上将获胜，从而成为金牌得主. 同时关颖珊和休斯将分别下移至银牌和铜牌位置. 然而，如果斯卢茨卡娅滑得不如第三名好，那么关颖珊将获得金牌. 迄今为止，这就是我们所知道的全部.

然而，有一个办法可以让莎拉・休斯获得金牌. 这需要斯卢茨卡娅在自由滑项目上获得第二名. 那样的话，休斯和斯卢茨卡娅将以 3.0 分打成平手，关颖珊的得分将降至 3.5 分(将获铜牌)，并且休斯将获得金牌，因为在比分相同的情况下，在自由滑项目上表现得更好的选手将胜出. 无独有偶，事实就是这样发生了. 不要吃惊，很多观众对此结果都感到十分困惑.

这件事情或许有了令人满意的结局. 受到盐湖城这场争议的提示，国际滑联已经建立了新的评分系统，裁判根据每个项目执行的情况打分. 不知职业拳击赛有希望做自身的改革吗?

第5章

更快 更高 更远

打破纪录的数学

每个人都知道对于运动员而言，男人具有先天的身体优势．这也是为什么男女运动项目分开比赛的原因．所以，当2004年媒体报道声称在100米短跑项目上，女人将开始赶上甚至超过男人，一定有为数不少的大男子主义者选择借酒浇愁．

这个报道被冠以如下标题——“到2156年，女人将会比男人跑得更快”，根据是科学杂志《自然》上一篇轻松的短文．科学家绘制了在奥运会100米短跑项目上男女冠军所用时间的蓝图，并且

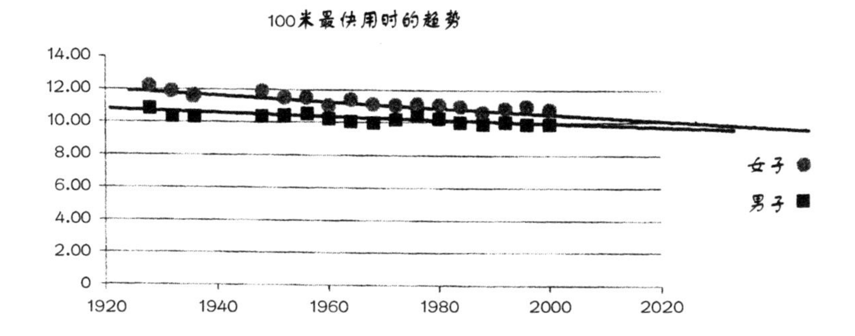

得出结论：女人和男人的差距正在缩短.

如果你观察一下这张图,确实看起来存在一个趋势.回顾1928年,男子获胜用时是10.8秒,而女子是12.2秒,差距1.4秒.到了2000年,男子最快的时间是9.85秒,而女子最快的时间只是多了1秒.毫无疑问,用时差距已经缩短.但将来的用时差距又会如何呢?

不论你有多少的历史数据,通过这些数据画一条曲线是可能的,然后开始向前推断.所有曲线中最简单的是直线.对于奥运会短跑项目的获胜用时,正如你所认为的,图上的点看似落在这样的直线上,虽然有很少一部分点随机散落在两旁.

然而,虽然有理由根据这样的信息推断到不远的将来,但如果据此预测长期的情况将是极端可疑的,这一点是显而易见的.通过100米短跑数据所画的直线,确实表明在150年内,女子将和男子跑得一样快,但为什么停止推断了呢?继续沿着直线向前,同样的数据表明在大约600年后,女子跑100米的用时是0秒,在那之后,用时将是负数.除非在时间运行领域有显著突破,否则结果是令人难以置信的.

了解实际的趋势

所以,如果发表在《自然》杂志上的预测是毫无意义的(公平地说,这篇文章是不严肃的),那么关于将来男子、女子运动员用时最短的合理预测又是多少呢?

开始的时候,为了一个合理的预测你需要尽可能多的数据.上面的100米预测只是基于单个运动员表现获得的17个数据点.如果你想要了解趋势,一个更加稳妥的统计不应该是看每年的最佳成绩,而是平均成绩.这样的数据更少受到容易引起误导的异常事件的影响.一种方法是绘制每年100米前十名成绩的均值图.当这一切做好后,答案就将揭晓了.

男子短跑用时的图形看起来仍然呈直线下降的趋势,特别是第二次世界大战以后,尽管近几年这条直线看起来稍微平坦了.对于女子,尽管图形的形状发生了巨大的转变,但在1984年左右,线看起来突然变平了.如果说有什么变化的话,那就是男子和女子用时之间的差距在那以后变大了.

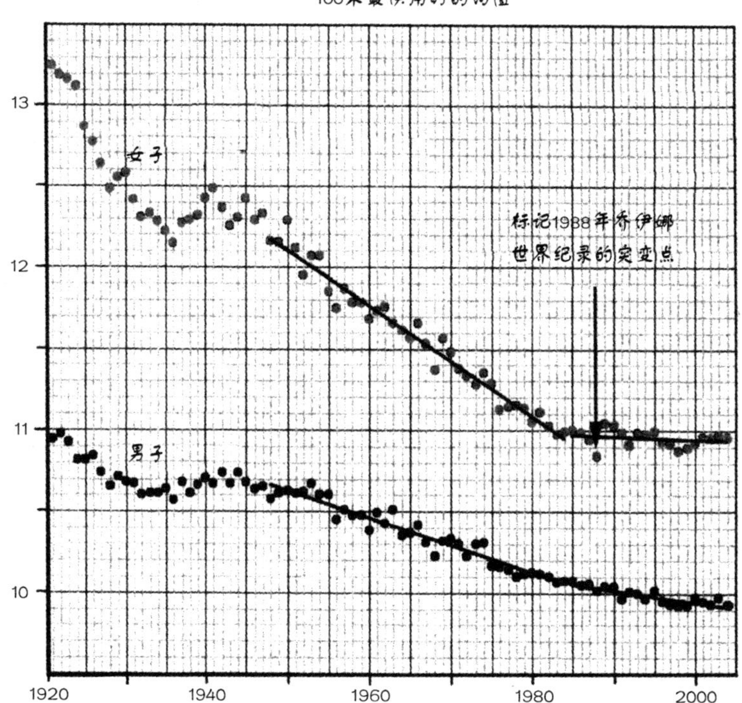

如何解释图中1988年[①]的突变呢?可能的答案是药物.在20世纪80年代,药物检测的水平和效果有了巨大的提高.东欧服用

① 原书写为1984年,但根据实际情况,应为1988年.——译者注

类固醇的运动员突然被排除在比赛之外.除此以外,1988 年佛洛伦斯·格里菲斯-乔伊娜〔Florence Griffith-Joyner("Flo-Jo")〕创下了惊人的 10.49 秒的成绩,女子短跑的平均用时纪录保持了 20 年以上.

20 世纪女运动员的数量比男运动员的数量激增了很多.运动员越多,就有越多的非凡表现可以从中选择.运动员数量的增长或许可以解释在第二次世界大战前女子短跑项目水平的急剧提高.但中国以外的运动员的数量现在已经达到饱和,部分原因在于西方世界的人口数量不再增长.预测表明,21 世纪全世界范围内 18 岁到 30 岁的运动员的数量将大量减少.常识告诉我们:运动员数量越少,可能破纪录者也越少.①

一项纪录何时不能成为纪录

有两种世界纪录:承认的和不被承认的.不幸的是,决定一项纪录属于哪一类不是一门精确的科学.

例如,1996 年奥巴德尔·汤普森(Obadele Thompson)跑 100 米用了令人震惊的 9.69 秒.即使在药物的作用下,以前也从未有人跑得像他这么快.那么,为什么没把这作为世界纪录呢?因为据说那天吹向跑道的风力达到了飓风的强度,借助风力当然不算数.或者至少吹向终线的风速大于 2 米每秒是不算数的.

官方的世界纪录是 2002 年蒂姆·蒙哥马利(Tim Montgomery)创造的 9.78 秒,他是在规定风速内顺风的帮助下取得该纪录的.莫里斯·格林(Maurice Greene)用时 9.79 秒,紧紧跟随

① 尽管生理学表明在短跑项目上女人不大可能超过男人,但在长跑项目上情况可能大不相同,因为女人的耐力特别出众.如果你希望在艾格尔峰(Eiger)的北面冻上几个晚上而能存活下来的话,可采取的预防措施是成为女人.

蒂姆·蒙哥马利的纪录.他有充分的理由懊恼一笑,因为他创造这项纪录只得到一点点帮助,即几乎感觉不到的0.1米每秒的微风.事实上,格林还曾获得9.82秒的成绩,当时是0.2米每秒的逆风.若按风速调整,哪一次的表现最好?

顺风减少短跑运动员受到的风的阻力.(即使是很大的顺风,全速跑的短跑者仍感到风吹在他的脸上而不是在他的背上.)作为常识,在1米每秒的顺风环境下,短跑者100米用时将比无风时减少0.6秒.

在此基础上,蒙哥马利的世界纪录换算成无风情况下的等价时间大约是9.90秒,而格林用时由9.79秒(四舍五入)调整到9.80秒,逆风9.82秒调整到9.81秒.所以,经风速调整的、公布的世界纪录为9.80秒.因此,恭喜莫里斯·格林.

对于某些女子短跑的世界纪录一直有疑问,相当重要的原因是格里菲斯·乔伊娜最近一次的100米世界纪录为10.49秒.专家有很多理由质疑这个非凡的成绩,包括令人怀疑的读数为零的风力计,并且有间接证据支持这些质疑者.格里菲斯·乔伊娜仅次于这一纪录的(合法的)成绩是10.61秒和10.62秒,都是在顺风的情况下取得的.就是在3米每秒的顺风中,她也跑了10.54秒,也就是在无风的情况下,相当于跑了大约10.71秒.她的世界纪录,如果真的是在完全无风的情况下取得的,比她一生中其他任何一次的成绩都要快大约0.2秒.呵呵!

顺便提及,即使尖端的计时器可以更精确地计时,世界纪录也只精确到两位小数,纪录时间的依据是运动员的躯干,而不是头或者身体的一部分通过终点线时的时间.以奥运会短跑运动员的速度,千分之一秒的时间差别代表不到一厘米的距离.在通过

终点的一刹那,不管运动员是处于吸气还是呼气的哪一种状态,都将成为决定因素！宁可判定赛跑不分胜负,也强于依靠模糊不清的照片,这并不是逃避.

比顺风更多的自然力量可以帮助运动员打破纪录.在 1993 年 110 米栏的比赛中,科林·杰克逊(Colin Jackson)借助于小而合规的顺风,创造了 12.91 秒的世界纪录.然而令人震惊的是,在另一个场合,杰克逊顶着 1.6 米每秒的逆风,也创下了 12.97 秒的纪录.如果我们根据风速作调整,这将会打破他的世界纪录.然而,那只是我们的一种希望.

杰克逊在塞斯特雷(Sestriere)创造的纪录,是在意大利阿尔卑斯山海拔大约 2 000 米处取得的.在这样的高度,空气比较稀薄,阻力比较小,这可能对短跑运动员的用时有重要影响.我们有充足的理由把在海平面附近和海拔高的地方取得的世界纪录分成两类.的确有一些运动员故意拒绝在海拔高处举行的比赛中寻找打破纪录的机会.

如何掷得更远

除了空气比较稀薄以外,海拔高还有一点好处.你离地心越远,地心引力就越小.有些冲击世界纪录的人从中获益,甚至比赛跑者更多.例如,铅球运动员.

如果一名铅球运动员想打破世界纪录,那么他该采用何种策略?刚开始的时候,他做的事情可能比复制弗朗西斯·德雷克(Francis Drake)时代(约16世纪)的海军军官就众所周知的策略还要糟糕.军舰舰长的目标是彻底摧毁敌人的战船,而自己毫发无伤.如果他的大炮的射程比敌人远,那么他就能够做到这一点.这引起了数学上研究提高射程问题的兴趣.

如果你想把炮弹打得尽可能地远,那么大炮指向多少角度是最理想的呢?如果炮手水平瞄准,那么炮弹一旦离开炮管,在重力的作用下,它就开始向着海洋落下;如果炮手竖直瞄准,那么他们自己的水手将跳海求生.显然,大炮指向的最适宜的角度介于

这两者之间.当瞄准一个水平目标,即从地平面对地平面瞄准,其最大理论射程是以 45 度角开炮(忽略风的阻力).

所有这一切和铅球运动员面临的境地是相似的.甚至发射也是一样的——原先是“发射”炮弹,现在是运动员“推”.尽管还有其他方法提高射程,但对于一个刚开始职业生涯的铅球运动员来说,45 度规则也不是一个坏的指导.

常识告诉你,如果你想把铅球掷得尽可能远,从尽可能高的、重力尽可能小的位置,以尽可能快的速度用力投掷都会有帮助.然而,数学告诉我们这些因素并不是同等重要的.推铅球的速度增加一点比投掷者的身高增加一点有更大的影响.推铅球的速度增加 1%,将会使射程增加 2%;铅球运动员的高度增加 1%,射程只增加 0.1%.这也是为什么该项目中运动员的身材壮比身材高对于获得成功更加重要.

重力的大小也影响射程的远近.向着赤道(地球鼓起来的地方)前进或者向高处攀登都可以减小重力.这就给出了破纪录者喜欢墨西哥城(Mexico City)多于海平面附近的芬兰首都赫尔辛基(Helsinki)的两个原因.在那里,重力大约减少 1%——对于顶级铅球运动员来说,相当于约 20 厘米.

事实上,有计算炮弹水平射程的公式.听从斯蒂芬·霍金(Stephen Hawking)的建议,每个方程都会使一本书的读者人数减半,在这里我们没有列出公式.但如果你喜欢的话,可以在附录中找到它.

推铅球和发射炮弹之间是有重大差别的(最明显的是声音、预期寿命等):

- 船上的大炮瞄准的目标是在海平面上,和自己一样高,而铅球运动员是将球从距离落地点两米高的位置释放.

• 不像大炮,你把它指向哪个方位效果都是相同的;人们在实践中发现,水平地比竖直地推铅球更容易,因此以较大的速度、在较低的角度推出铅球是可能的.

由于以上这两个原因,铅球运动员可以通过释放铅球的角度比 45 度稍为平一些,来提高投掷的距离,尽管对于发射炮弹来说,45 度角是最好的.事实上,下一个世界纪录很可能是由一个与水平线成 42 度角投掷的运动员创造.记住,你是在这里第一次读到它.

跳得更高

有时为了打破世界纪录,人们需要彻底的反思.最近的例子是迪克·福斯贝利(Dick Fosbury),他在 1968 年奥运会上一夜之间令跳高项目焕然一新.他使用如今称之为福斯贝利背跃式跳高(Fosbury Flop)技术获得了金牌,并且在今天的国际跳高赛事中已经很难见到其他方式的跳法了.

背跃式跳法的秘密在于,采用这种跳法越过横杆所需要的能

量比传统的跨跃式跳法更少.

在早期的跳高比赛中流行的是剪式跳法,它是由跳跃中腿部开合的动作而得名.这种跳跃方式的问题是,为了跃过横杆,跳跃者不得不使他的重心远高于横杆.

规则后来改为允许跳高者的头部先通过横杆,辅之以在横杆的另一侧采用软垫.这导致包括滚竿式跳高和跨跃式跳高在内的新技术的出现,两者都能使得跳跃者与横杆更加贴近.事实上,正是在跨跃式的情况下,有可能通过腿和胳膊在横杆两侧的摇摆,使得跳高者的重心不必高于横杆.可以这样认为,跳跃者不是跳得更高了,他们只是更聪明了.

跨跃式跳高

将所有这些因素发挥到极致的就是背跃式了.运动员转体起跳,背部弓着跃过横杆,脚部最后通过横杆.他的背越弯,重心就越低.

个子高的人在跳高比赛中具有优势,因为他们的重心本来就高,因此或许实际测量的应是运动员的身高和他实际跳过的高度之差.在这种测量方式下,身高 1.73 米的富兰克林·雅各布(Franklin Jacobs)将获得冠军,因为他跳过了 2.32 米,有 59 厘米的差值.哈维尔·索托马约尔(Javier Sotomayor)的世界纪录是

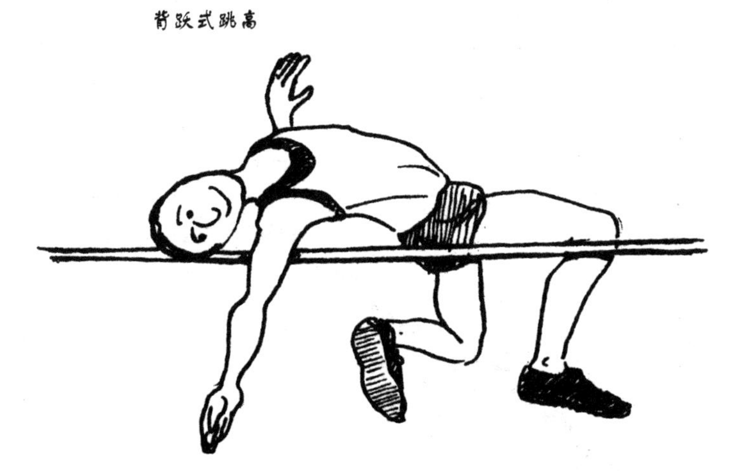

2.45 米,只比他自己的身高高 52 厘米(男人和女人的体形差别是如此之大,最优秀的女跳高运动员其相应的高度差是 30 厘米左右).

尽管背跃式已经成为跳高运动的行业标准,仍有人质疑它是否优于跨跃式.这两种方法都可以使重心降低,但运动员还必须能使自己升高,做到这一点的关键在于起跳的速度和弹力的大小.有人指出向前冲产生的弹力比背跃式转体产生的弹力更大,这个额外的能量可以补偿跨跃式需要的额外的升力.事实上,两名数学家已经断言下个世界纪录将从跨跃式跳法中产生,而非背跃式.

破纪录越来越难吗

然而,下一个世界纪录也许一段时间内不会出现.在本章的开篇,我们看到趋势是如何变成几乎恒定的水平.我们真的还能更快、更远、更高吗?

有证据表明,就某些运动而言,趋势可能正指向了其他的方向,最具戏剧性的当属跳高运动.

下图显示的是在每年的跳高比赛中最好的十个成绩的平均值.

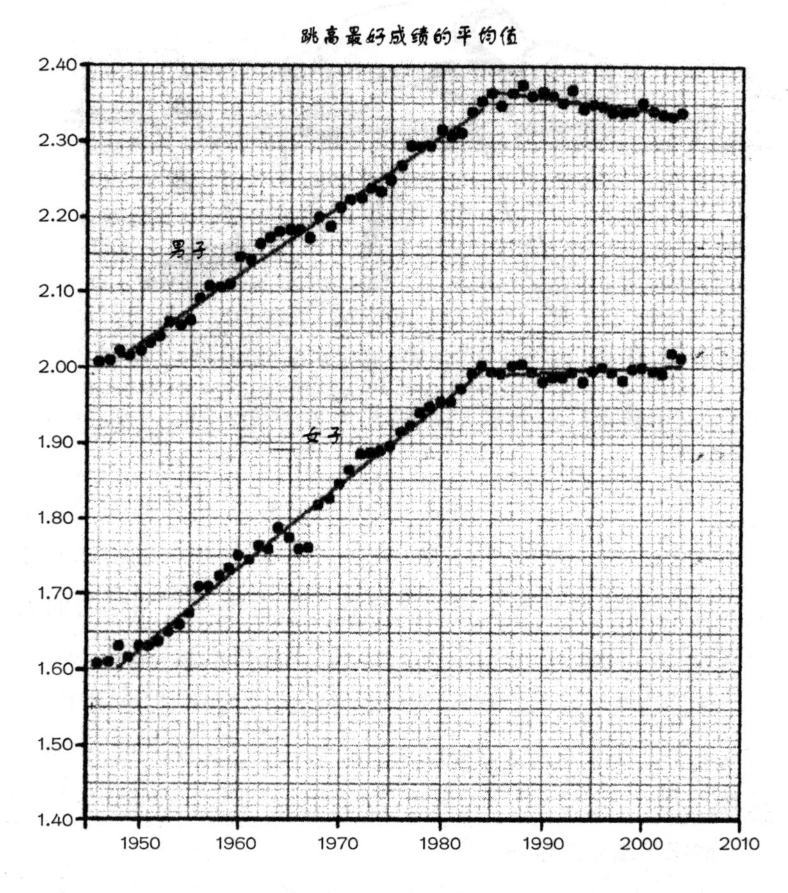

同前面100米短跑项目显示的一样,在20世纪80年代中期,跳高成绩图上出现了拐点.在这种情况下,代表男子的曲线开始下行.如果你选择1984年作为开始点,用一条直线来预测将来,你可能得出结论:到2156年男子将没有女子跳得高——用不了

这么久,因为女子越跳越高而男子越跳越糟.

为什么停止下来呢？根据这个预测,到3339年,男人根本一点也跳不起来了.如果你选择性地使用数据,并准备滥用统计学的中心原理,你可以推得任何你想要的结论.但不要奢望任何人会把你的结论当真.

第6章

掷硬币

猜正面如何可以影响一场比赛

2002 年 5 月 11 日这个周六，斯托克城(Stoke City)队和布伦特福德(Brentford)队进行他们赛季的关键一战. 这场比赛在加的夫(Cardiff)千年体育场三万名观众的注视下进行，它将决定谁最终晋级.

但是有些人认为，无论这两支队伍如何比赛，结果都是可预知的. 在那个星期的早些时候，这两支队伍已经通过掷硬币决定决赛当天要使用哪一间更衣室. 布伦特福德队猜硬币获胜，决定使用体育场北更衣室.

在该体育场先前举行的 11 场决赛和所有比赛中，选择北更衣室的队伍一直获得冠军. 南更衣室好像有了诅咒，它使得一些最好的队伍，包括阿森纳(Arsenal)和切尔西(Chelsea)落败. 到现在为止，足球界的每个人都知道朝北的那间更衣室是幸运的. 难怪当布伦特福德队猜硬币获胜时，他们的球员松了一口气，因为

历史注定他们将要赢得比赛.

对于布伦特福德队而言,不幸的是,斯托克城队没有续写纪录.斯托克城队以2比0获胜.

是什么使南更衣室由不幸儿变成幸运儿,是什么带来这么显著的命运变化?一些人认为,这归功于几个月前的一位风水先生.他"鉴别出"来源于更衣室后面的电视采访制作室的"负能量".在他的推荐之下,一幅引人注目的壁画被绘制在南更衣室的墙上,用以抵消"负能量"的影响.显然,斯托克城队由于新壁画而获胜.那些持此论调的人显然忘记了风水先生的建议是在三月份提出的,幸运的壁画对切尔滕纳姆城(Cheltenham Town)队没起作用.对他们而言,就在斯托克城队获胜的前几天,北更衣室一直到5月6日还使他们遭受厄运.

其他人还有一个更为简单的解释.斯托克城队获胜是因为他

们进了两球,而布伦特福德队一球未进.像这样的解释哪里还有一点传奇色彩?

一连串的好运气或坏运气

运气,好的或是坏的,是体育报道永远的话题.看一下周六早间的报纸,介绍性文章中很可能至少有一篇是关于先前比赛对手之间无法打破的运气.有时这也有些意义.例如,如果莱顿·休伊特(Lleyton Hewitt)在和蒂姆·亨曼(Tim Henman)对抗的网球比赛中一直击败蒂姆·亨曼,很可能休伊特确实更胜一筹.即使不是如此,休伊特可能比他的对手更具有心理优势,只是因为他没有压力,从而可以赢得比赛.

无论这样一连串的运气是有意义还是没有意义,人们总是要精心选择这一连串事件的起点.如果你读到迈克尔·欧文(Michael Owen)在最近的五场比赛中都有进球,你可以确定距今的第六场比赛中他一球未进.看一看下面这句模棱两可的话:重点是阿森纳已经连续 49 场联赛不败.这就告诉你在那期间阿森纳在某些锦标赛上失利——否则的话,我们会读到关于他们(更长的)联赛和杯赛的不败纪录.报道者尽力使读者相信一些不寻常的事情在发生.

当提到这些运气时,暗示着它们将影响到下一场遭遇的方向,但事实通常并非如此.好运气肯定会来,如同和你掷硬币的情形一样,有一段时间,正面会连续出现.

关于掷硬币,有个常见的谬论,就是认为一连串的正面出现后,可能对下一次掷硬币有某些影响.然而,事实上,每次掷硬币和它以前的结果完全是独立的.硬币对于它过去的表现没有记忆.认为第一天出现了过多正面会导致第二天出现更多反面是没有根据的.如果你得到一连串正面,可以肯定的是最终你的运气将会改变,但确切地指出何时改变将是另外一个问题.

这就有了与千年体育场北更衣室类似的直接解释.在加的夫,一些人认为因为最近11次掷硬币(相应地你应该理解为比赛的最近11支获胜队)都是出现正面(在北更衣室),那么下一次也将如此.另一些持相反意见,但同样荒谬的论断是因为北更衣室已经获胜这么多次,运气转一下是应该的.

一连串事件的概率

我们假设选择北更衣室和获得比赛胜利之间的关系纯属偶然,这是有道理的.那么,北更衣室连续11次获得胜利的概率有多少?

获得一场比赛胜利的概率是$\frac{1}{2}$,连获两场或者更多场胜利的概率可以用下面的树状图来表示.(图中,赢用字母W表示,输用字母L表示.)

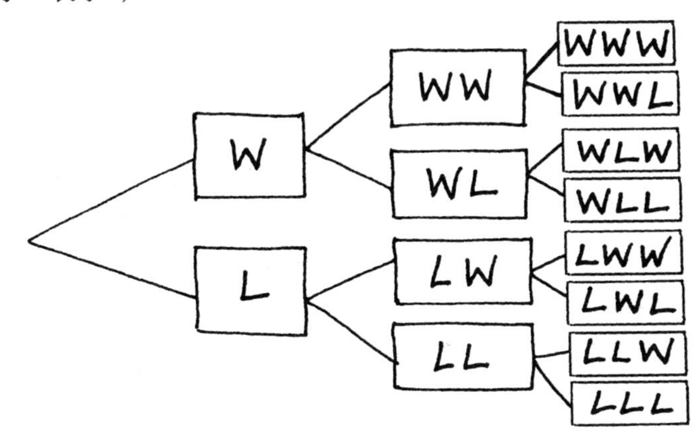

连胜两场的概率是$\frac{1}{4}$,即等于$\frac{1}{2}\times\frac{1}{2}$;连胜三场的概率是$\frac{1}{8}$,

或者说 $\frac{1}{2}\times\frac{1}{2}\times\frac{1}{2}$.

你可以推广这个方法,计算连胜 11 场的概率,即为

$$\frac{1}{2}\times\frac{1}{2}\times\frac{1}{2}\times\frac{1}{2}\times\frac{1}{2}\times\frac{1}{2}\times\frac{1}{2}\times\frac{1}{2}\times\frac{1}{2}\times\frac{1}{2}\times\frac{1}{2}.$$

更精确的表示是 $\left(\frac{1}{2}\right)^{11}$ 或者 $\frac{1}{2\,048}$. 这是极不可能的事件. 难怪足球世界是如此不可思议.

这就产生了如下问题: 在某一阶段一连串的好运气(坏运气)发生的可能性是多少? 在回答这个问题之前,我们将通过在下面的问题中设法辨别真伪来做一些准备工作.

辨别真伪

下面是四个掷 32 次硬币的序列. L 表明猜的人失败,W 表明猜的人获胜. 对这四个序列有如下描述. 其中两个序列是真的——事实上,它们来自真实的 32 年比赛的结果. 另外两个是假的——两个人为仿造的貌似真实的序列. 显然,所有这四个序列都是可能的. 但是,现在已经知道其中的两个是假的,你认为哪两个更可能是假的?

(1) L W L L L L L W L W L W L L L W W L L W L W W L L W W W W W W

(2) W L W L W W L L L W L L W W W W L W W L W L W L L L W W L L W L

(3) W L L W W L L L W L W L W W L W L L W L L W W W L L W L W L W W

(4) L W L W L L W L W W L W L L W L W W L L W L L W L W W L W L L W

我们将马上回答这个小谜题.但首先,如何识别一个真正的掷硬币的随机序列呢?一种方法是看一下最长串的正面或者反面(或者胜和负).值得注意的是,有一个近似公式给出了你可以期望出现最长串事件的长度.

如果你连续掷了N次硬币,那么期望最长串的正面或者反面的长度比以2为底N的对数大一点.

如果你想了解有关这个公式更多的推理过程,或者需要提示一下对数是什么,请看附录.

现在回到最长串正面或者反面的长度问题.为了估计这个值,你需要将掷硬币的次数取对数(以2为底),然后对所得结果向上取整数.最长串的长度可能比这个数大或小,但这是个粗略的平均意义的数.所以,如果你掷了16次硬币,那么(根据公式)你有理由期望在这一序列的某处出现连续至少4($=\log_2 16$)个正面或者反面.如果你掷了32次硬币,那么可以期待至少连续出现5个正面的序列.如果你掷了16 384次硬币,那么根本不要惊讶在某处连续出现了14个正面.

这并不意味着那些长串序列一定出现.毕竟,可能是正面、反面、正面、反面、正面……交替出现.然而,这正和每次都是正面朝下一样不可能.综合考虑,如果你掷了32次硬币,最可能的结果是最长串正面或者反面的长度是5或者6.

现在回过头来看一下真假序列的问题.在前两个序列里,最长串的W或者L分别是6和4.它们都和$\log_2 32=5$接近.正好它们是真实的序列.事实上,它们分别是1973年至2004年、1920年至1957年间在帆船比赛中剑桥(Cambridge)队是否获得掷硬币胜利的真实纪录.另外两个序列中最长串 L 或 W 的长度都不超过 3.这两个序列是假的.

对于很多人来说,真实的序列看起来像是假的.似乎人们如果感到 W 或者 L 出现过于频繁,就试图通过交换 W 和 L 来产生随机序列.但现实是不同的,正如帆船比赛的数据所显示的,并且有数学理论的支持.

侯赛因的坏运气

如果你认为在千年体育场连输 11 场给人的印象是深刻的,那不妨想一想英国板球队的前队长纳赛尔·侯赛因(Nasser Hussain)的例子.在 2000 年至 2001 年间,侯赛因带领英国队参加了 14 场国际比赛,他输掉了每一场掷硬币.

在这一串开始的早期,新闻报道刻意渲染侯赛因正在失去他应有机会的事实.这使得每输掉一次都成为新闻话题.更为戏剧性的是,侯赛因在 2001 年的灰烬(Ashes)系列赛中连续输掉 7 次之后受伤.迈克尔·亚瑟顿(Michael Atherton)接任队长,且赢得了猜硬币.当侯赛因返回赛场后,他又连续输掉 7 次.顺便说一下,侯赛因坚持每次都猜正面.看起来好像固执地猜同一面是导致问题出现的部分原因,但即便他每次在正面和反面之间轮流猜,其获胜的概率也不会有所改变.

连输 14 次的概率是$\frac{1}{2^{14}}$,2^{14} 我们前面计算过,是 16 384.这个机会是如此之小,以至于自然地要寻找一些原因,而不是计算导致这一串不幸的概率.在更大的范围内看一下是很有必要的.侯赛因作为英国队的队长,总共带队出征了 101 次.根据我们的计算,如果有人掷这么多次硬币,大约会有$\frac{1}{180}$的机会在某个阶段出现连错(对)14 次或者更多.这仍使得侯赛因接连不断的失利十分引人注目,但$\frac{1}{180}$和$\frac{1}{16\,384}$是不可同日而语的.并且,侯赛因恰恰是带队出战很多次.可能这样看就不会太吃惊了,在所有的队长中,总有一个看起来是很不幸运的.

猜硬币获胜重要吗

大部分比赛以掷硬币或者抽签开始.因为两个人或者两支队伍之间的比赛,硬币决定着两方的选择,如哪一方先开始,谁从最有利的位置开始,谁优先选择队服等.问题随之产生了:获得掷硬币的胜利到底多大程度上影响着比赛?如果掷硬币是重要的,那么所有比赛后获得的荣誉就变得毫无意义了.因为获胜不是靠运动技能而是靠运气.

通常,获得掷硬币的优势是可以忽视的.例如,在足球比赛中,掷硬币获胜的队长通常决定在上半场他的球队朝哪个方向踢球.球队通常喜欢在比赛临近结束时朝着自己的支持者方向踢球,可能在比赛接近尾声时听到支持者的呐喊声有心理的优势.但因为对手的支持者在球场的相反方向,所以两个队伍在比赛的同一阶段将因此享受类似的鼓舞.常识告诉我们:在条件上完全对称的竞赛项目将使掷硬币获胜的一方获得最小的优势.

但即使在分为两队的对抗中,如足球、曲棍球、橄榄球,也可能有一定程度的非对称因素,特别是天气情况.一个可以影响比赛的常见因素是风.这在橄榄球比赛中有着不可忽视的影响,因为它决定着从特定距离的进球是否在范围之内,抑或根本不可能.两个队伍都将在顺风半场和逆风半场作战.

你愿意上半场还是下半场顺风作战呢?这没有一个纯数学的答案,但你可以平衡不同的因素.喜欢先顺风作战,存在着比赛中领先的心理优势和风后面可能减弱的事实;并且确信裁判员在比赛的早期阶段倾向于多作判罚(提醒前锋一些规则必须遵守).喜欢后顺风作战的,倾向于比赛后面能进更多的球,当运动员感到疲惫——如果有风的优势使得分的机会增加到 60%,你将得到60%这样一个大的获胜机会;并且通常下半场的伤停补时比上半场更多.我们(悲观的?)的倾向是先顺风作战——惜取眼前福嘛……

在一些特别的情况下,非对称条件对于掷硬币获胜的队伍有毋庸置疑的好处.在英国的一个冬天的下午,假设投掷点朝东或者朝西,那么在上半场朝西的队伍将占据明显优势.因为随着比赛的进行,太阳将接近地平线,对于集中精力、朝西进攻的队伍而言,太阳会更加刺眼.如果对手的双眼对着阳光,那么高高地凌空一脚踢向橄榄球后卫或者在足球场来一脚远射更可能成功.

当有利条件在对手之间转换的时候，情况就变得更复杂了．例如，当两边轮流发球时．在网球比赛中，掷硬币获胜的一方有权先发球并且通常都是这样做的，因为发球方期望赢得发球局（至少在专业的网球比赛中是这样，在当地公园的网球赛中可能不是这样）．然而，这个优势并没有持续，因为网球的规则是在确定一局比赛获胜的时候，两个比分要有明显的界限．如果比分是6比6，那么平局被打破的方式是不偏向于任何一方：先发球的只获得一分，接着对手两次发球．任何一方也没有获胜，除非在对手发球时获得的分比在自己发球时失去的多．

然而，在某些运动项目中，掷硬币获胜的队伍确实比对手有更多机会取胜．在壁球和羽毛球运动中，除美国以外传统的规则是只有发球一方才能得分．因此，掷硬币获胜的一方立刻就有得一分的机会．然而，如果非发球方获胜，他只是赢得发球权和随之而来得到一分的机会．这对于掷硬币获胜的队伍产生了一个小的但可以计算的有利条件．假设两名运动员的能力是一样的：评分系统意味着先发球的一方将有$\frac{2}{3}$的机会获得第一分．这个优势随着一盘比赛的进行和交换发球而逐渐减弱，但我们的计算表明：在壁球中获得掷硬币胜利的球员将有大约53%的机会获得这一局比赛的胜利．与网球不一样，壁球的发球运动员获得一分没有很大的优势．所以，公平的方法是在壁球比赛开始时用老的规则，第一个得分只是用来决定谁将发下一个球．

猜对硬币在顶级的飞镖比赛中甚至有更大的优势，先掷的人比对手更有可能获胜．这个问题我们将在第7章详细讲述．

硬币和板球

哪一项运动受到掷硬币结果的影响最大呢？很多人认为是板球.

在板球比赛中，掷硬币获得胜利的队长将决定他们是先击球还是先掷球. 开赛第一天，场地的条件通常是最好的. 随着比赛的进行，投球手的钉鞋不断地摩擦着地面，同时太阳照射使场地变得越发干燥，使得裂缝变大、泥土变碎. 当场地表面的条件恶化时，球从地上反弹变得不容易预测，这意味着击球更难. 由于这个原因，掷硬币获胜的队长通常选择先击球.

板球比赛中的上述事实印证了对掷硬币重要性的认识，在书面报告中几乎总是记录着谁曾掷硬币获胜. 相比任何其他比赛，在板球国际比赛中更容易查到谁获得掷硬币的胜利. 当我们借助谷歌(google)尝试单纯用词组“掷硬币获胜”搜索时，前一百条信息中有超过九十条是关于板球比赛的.

但在天气不再扮演重要角色且限制投球数的板球赛中，掷硬币的重要性通常被夸大. 通过对 20 世纪 90 年代超过 400 场为期一天的国际比赛的研究发现,不论掷硬币赢或者输,9 个国家中的每一个都趋向于获得同样的获胜比例. 换句话说,赢得掷硬币胜利几乎和比赛结果无关. 这没有排除天气条件可能确实对一支队伍有帮助的可能性,特别是在早晨或晚上的板球比赛中,夜间的露水有时会使场地变得非常有弹性,但这对比赛结果的影响似乎非常小.

另一项对 1997 年到 2001 年间 151 场国际板球锦标赛的研究表明: 获得掷硬币胜利在五天的比赛中没有实际的帮助;相反,获得掷硬币胜利的球队表现比对手还要稍稍差一点! 难道我们对于延续了几百年的板球比赛中获得掷硬币胜利的重要性的认识都错了吗?

水上项目

看起来掷硬币获胜在板球运动中的优势并没有民间传说中所讲的那样显著,并且除了在比赛时出现特殊的天气情况以外,它在其他运动中的影响也是很小的. 可能掷硬币获胜有明显好处的一个运动是牛津对剑桥的划船比赛.

掷硬币获胜的队长可以选择在河的哪一侧进行划船比赛,是萨里(Surrey)一侧还是密德萨斯(Middlesex)一侧. 因为泰晤士河有很多大的弯道,在密德萨斯一侧的船首先获得优势,因为它在弯道的内侧. 但除非密德萨斯的船领先很多可以划到河道的中间,否则当河向相反方向弯曲时,萨里一侧的船队将重获更大的优势.

获胜的队长通常选择萨里一侧,从表面上看,这是一个好的决定. 选择萨里一侧的队长有近 60%的机会获得这次比赛的胜利;选择密德萨斯一侧的队长只有 50%的机会获得这次比赛的胜

利.这是否意味着掷硬币获胜的队长都该选择萨里一侧呢?没有必要.一支居于下风的队伍可能认为他唯一的机会是在河道的第一个弯道抢得先机.选择密德萨斯一侧将有 50 比 50 的获胜机会,要好于选择萨里一侧,后者可能只有 30 比 70 的机会.所以,赛船队长在他获得掷硬币胜利后作出选择时需要有基本的技能和判断.

自 1920 年以来的 80 场比赛中,获得掷硬币胜利的船队获得了 44 场比赛胜利,成功率为 55%.这个样本太小了,其结果没有任何意义.如果从那之后的 200 场比赛中,55%的成功率依然保持,我们将确信每年一度的划船比赛的结果确实和掷硬币相关.

第7章

一百八十

应瞄准飞镖靶的哪里

飞镖是一项运动吗？这是一个令很多人感到难以回答的

问题.特别是因为最常见的比赛场所是在酒吧里,一个不会让人立刻联想到能使参赛者的精神和身体状态都达到顶峰的地方.

然而,飞镖有世界锦标赛,在百科全书的主要运动里有关于它的特色的描述,在电视运动节目里很多时间都在播放它.这对我们来说就足够了.(还有,在2005年,体育英国——前身是英国体育运动委员会——官方承认飞镖是一项运动,但这不可能解决争议.)

除了要求高度镇静和手、眼高度协调(就像射箭和射击),飞镖还有额外要求——高超的心算能力.在各种比赛中可能只有国际单日板球赛中的要求类似于飞镖中的心算.

在传统的飞镖比赛形式中,每个参赛者从501点开始计算,在每轮中掷三支飞镖,减去从靶上得到的分数,目标是将它精确地减少到零.第一个把分数降到零的选手获得冠军,尽管有最后一镖一定是两倍分数(包括命中靶心,作为"两倍25")的附加限制.不仅每一轮后需要做心算减法,而且要通过心算找出完成这个比赛的有效的方法.

通常的策略是在比赛开始的时候瞄准最大得分——三倍20.职业选手会把飞镖尽可能掷到"20"区域,这样他们的计算就变得简单了.然而,有少数选手是非常不稳定的,所以常常需要做一些较复杂的心算,如从417中减去三倍的5、18和11.具有讽刺意味的是,几个世纪以来教师通过设计难的求和问题来惩罚那些计算不好的学生,然而在全世界的酒吧里,每个晚上有上百万人乐于自愿接受这项惩罚.

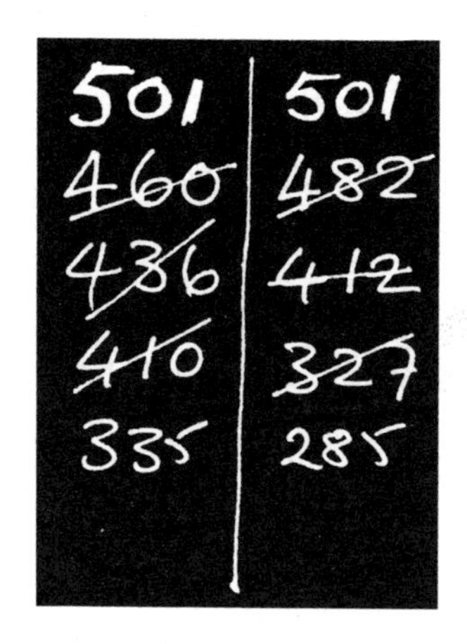

参赛者的策略

酒吧里的飞镖参赛者不只是数学惩罚的爱好者,他们在试图效仿专业选手的策略上还有着一定程度的自欺欺人.

顶级选手是非常一致的,瞄准三倍 20 的中心确实是他们最好的策略.但是,酒吧选手是非常不稳定的,错过 20 区域将导致分值很低的 1 分和 5 分.骄傲自大和虚荣心引诱每个人仿效专业选手的策略.事实上,大多数选手根据自身的稳定表现而采取相应策略会更好.一个选手的精准性变化越大,瞄准三倍 20 的意义越小,因为飞镖的平均得分会被相邻的低分区域拉下.

对于一个期望在$\frac{2}{3}$的时间里会将飞镖投掷到正确区域,其他时间将飞镖投掷到目标区域的周围区域的选手而言,瞄准三倍 19 区域将很可能得到最高的平均分.但对于只有$\frac{1}{2}$的时间会投到正确区域的选手而言(这种情况很可能出现在几杯啤酒下肚之后),作为基本策略,三倍 14 区域成为很有吸引力的地方.即使你错落了两个区域,你得到的分数也不会低于 8 分. 相当不稳定的选手宜瞄准三倍 16 区域,因为那个四分之一区域有最大的平均值. 如果你的飞镖实在是出奇地不准,你就应该直接瞄准靶心. 这至少使你击中靶子的概率最大.

事实上,对于很多飞镖选手而言,由于自身精准性差,他们内心怀疑瞄准靶子根本没什么好处,那只是个起妨碍作用的东西. 一个检验该想法的办法是蒙上你的眼睛,随机地瞄准靶子,计算一下你的得分即可.

为了使这个问题有意义,我们需要更精确一些,因为如果飞镖被随机地投掷,很多将脱靶. 我们假设三次投掷都投到靶子的得分区域上,但是落入每个区域的机会是与那个区域的面积成正比的. 并且,简单起见,我们忽略区域分割线的宽度.

两倍分数环区域占据了整个得分区域面积的 9%. 但如果随机地投掷到两倍分数环区域,根据我们的假设,很可能等概率地击中二十个区域中的一个,得分将分别为: 2、4、6、…、40,平均分是 21 分.

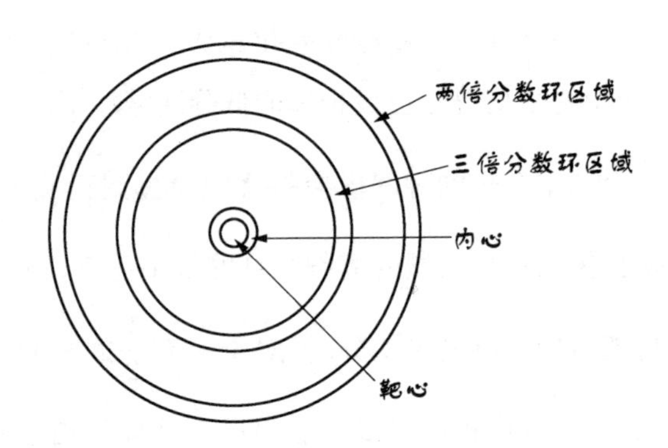

对于不同的区域,重复以上计算过程. 三倍分数环区域占 6%

的面积,平均分是 31.5 分. 对于单倍分数区域,投掷一次飞镖的平均分是 10.5 分,它们占据了得分区域的 84%. 最后,靶心(分值为 50 分)仅占了 0.14%,而内心(分值为 25 分)占了 0.74%.

为了得到一次投掷的平均分,我们会根据它们出现的频率进行加权,结果是 12.8 分. 将其乘 3,就得到三次投掷的平均分约为 38.5 分——不妨认为是 40 分,因为这样的计算比较粗糙.

所以,40 分是标准. 只要你在一轮中的平均得分高于 40 分,就比随机投掷的效果要好. 但如果你的平均得分少于 40 分,随你的便,随机地朝靶子上投掷的机器也比你的得分要高.

将眼睛蒙起来投掷,结果又会如何呢? (投到两倍分数环区域可能需要一点时间)

不期望的编号规则

通过在靶子上标上设计好的数字来选拔普通选手是聪明的办法. 数字是以如下规则放置的——最大的分值挨着低的分值,好像是为野心太大的人设置陷阱,有点像在圣安德鲁斯(St Andrews)老球场的高尔夫球洞.

大约在 1896 年,靶子编号规则由贝里的一个名叫布莱恩·盖林(Brian Gamlin)的木匠发明. 迄今为止,没有人对此提出任何改变. 但如果想要区分出余下的分级别的选手,这是最好的次序吗?

如果按照靶子上排的数字顺序,你可以说盖林急切地做了选择. 将 20 区域放在它本来的位置,沿着靶子顺时针开始排列: 对于第一个区域,有 19 种选择;对于第二个区域,有 18 种选择;以此类推. 所以,可能的排列的总数是 $19\times18\times17\times\cdots\times2\times1$,超过了 12 亿亿. 因此,我们可以想当然地认为盖林没有做全部可能的实验.

即使在他决定把小数放在大数的旁边作为不确定性的惩罚，他也有很多选择.我们可以通过累加差值的办法来惩罚精准性不够的选手，这个差值是顺时针绕着靶子的一对相邻数字之差.例如，数对(20, 1)的差值是19，(1, 18)的差值是17，(18, 4)的差值是14，以此类推.

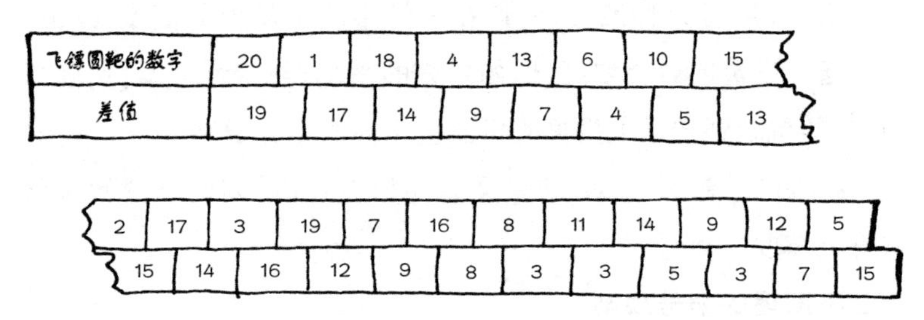

飞镖圆靶的数字	20	1	18	4	13	6	10	15	2	17	3	19	7	16	8	11	14	9	12	5
差值	19	17	14	9	7	4	5	13	15	14	16	12	9	8	3	3	5	3	7	15

对于数字的任何排序，差值之和越大，对于错过高分的(平均)惩罚越大.对于标准的靶子，这些差值的和是198，但是否可能更大呢？

不出所料，最大的差值和是200，只比盖林的靶子多了2.换句话说，标准的靶子非常接近最大的惩罚数.

事实上，很容易就可以把数字排序，使得它们之间差值的和是200.称{11,12,…,20}为高位数，{1,2,…,10}为低位数.如果你把高位数挨着低位数绕靶子交叉排放，差值的和将总是200——而不管高位数和低位数内部是如何排列的.

如果想打乱盖林排列的顺序，那么像前面介绍的高位数和低位数交叉排列的靶子将值得考虑.下页的靶子就是一个例子.

你将看到越大的数，它相邻的数越小，所以这是一个用来惩罚那些贪心的眼高手低者的相当好的方案.

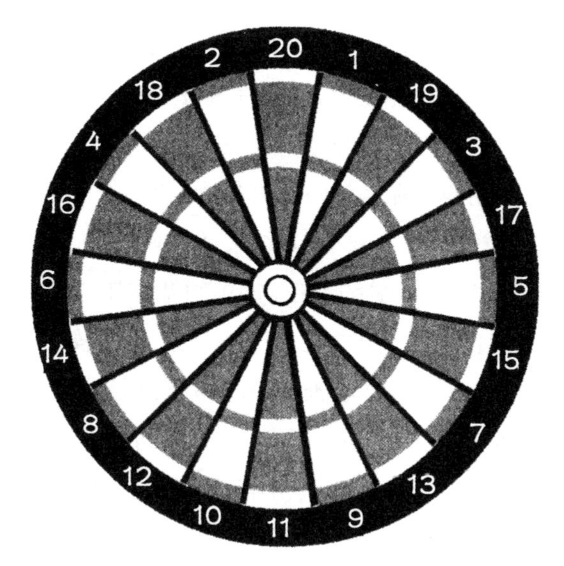

这个布置有一个主要的缺点,它太容易确保:当你想要时,你就能得到一个奇数(或者偶数).在501游戏将近结束的时候,有一个奖励:如果你击中一个奇数,那么只剩下一个偶数来完成最后的双倍.为了使飞镖尽可能地具有挑战性,奇数和偶数应该被打乱.

为了对失误进行最大化的惩罚,交换了奇数和偶数的排列,也交换了高位数和低位数的排列,有可能得到完美的飞镖靶吗?

答案是没有,并且容易给出其证明.假设我们从20开始,制作这样的镖靶,20是偶数,也是高位数.因此,它的两个相邻数必须为奇数,且为低位数.以此类推,它们的相邻数将不得不是偶数,且为高位数.这样做才符合镖靶的制作,所有的高位数必须是偶数,而低位数必须是奇数,但这是不可能的.

完成比赛

在单场飞镖比赛的前面阶段,目标只是简单地、尽可能多地得到分数.但在结束阶段,选手将不得不考虑如何完成的问题.

很少看到顶级选手在比赛中暂停下来思考，好像相应的求和计算已经自动连接到他们投掷中的手臂上．他们走到投镖线前就位，不仅精确地知道每一镖的分数，还要有一个应变的计划．从112分开始，他们的目标是前两次投掷中，第一投瞄准三倍20，然后是投到单倍20，最后以双倍16结束；但如果第一投命中单倍5，那么应变方案立即变为先瞄准三倍19，再瞄准靶心．

这样的应变策略可能被正规的选手采用．例如，假设你还剩下3镖51分．一个方案是瞄准17，再瞄准（如果成功的话）两倍17．这取决于你对自己投中两倍17得分能力的信心．然而，很可能是，你瞄准的是两倍17，但只击中了17，那么你可能没有机会用第三镖结束比赛．

职业选手会选择更稳健的方案．在这种情况下，他会首先瞄准19，把目标分数减少到32（两倍16）．如果他第二投失误了，没有击中两倍16，而是16，他将还有机会瞄准两倍8．事实上，尽量将分数减少到2的次幂（也就是32、16、8、4、2）是标准的策略，这对于业余和职业的选手都一样．在每一种情况下，击中单倍而不是两倍总是留给你以两倍结束的可能．

结束飞镖比赛的测试

- 在170（可能3镖结束比赛的最高分）和159（3镖无法结束比赛的最低分）之间，有四个分值可以只用3镖结束比赛．它们是多少？
- 选手有备选结束方案的最高分是多少？
- 为了保证选手有备选结束方案，相应的最高分是多少？哪种策略更好？（因为它给了选手出错的余地）

（答案见于本章末）

在剩下32的情况下，有一个额外的奖励，16是紧邻着8的. 因此，如果你错失了两倍16，而击中了8区域的任何地方，你仍有机会在下一镖中结束比赛.

既然瞄准三倍16在比赛开始阶段也是值得一试的，建议典型的酒吧选手完全忽略瞄准三倍20的惯例，将全部注意力放在16上. 用他现在最希望的高喊声“一百四十四!”代替熟悉的高喊声“一百零八”吧.

先投掷的优势

正像斯诺克选手梦想以147分清台，飞镖选手期望用最少的飞镖数9镖获得501分. 一个方法是7镖三倍20，最后的81分投掷到三倍19和两倍12区域. 出现任何一个单倍20，就不能完成.

9镖结束比赛是极少出现的. 只有少数几名选手在电视上成功过. 一名一流选手以9镖结束比赛的可能性约为$\frac{1}{1\,500}$. 所以，在整个锦标赛中不大可能出现. 如果所有的选手每次都玩出“理想”的9镖，那么在任何比赛中第一名投掷的选手始终是获胜者. 在他的对手有机会作出反应前，在第三轮结束时，他已经完成了501分.

即便如此，当来到决出胜负的关键一轮时，先掷的选手可能有相当大的优势，正如我们在第6章所提到的那样. 顶尖选手的典型做法是围绕100掷3次，用4轮使目标分降至100左右. 他们可以期望接着以一对飞镖建立结束比赛所需要的两倍分数，再用两镖或更多结束比赛. 换句话说，在顶级水平，16镖是结束比赛粗略的平均数. 在这个标准下，我们对各种结果概率(见附录)作出一些推理假设，第一名投掷的选手可以期望有60%的机会赢得一轮. 在只有3轮的比赛中，有第一轮先掷的权利是非常重要的；即使在只有5轮的比赛中，第一名先掷的选手也有一定的优势.

飞镖因为允许通过掷硬币的方式决定将显著的优势给一方参赛者而被认为是不公平的. 常规的消除运气的方法是以参赛者的技能为依据决定谁先掷——每名选手瞄准并投掷一次，谁离靶心最近谁将先掷.

注意到这个关于先掷的优势只是对于较好的选手而言的. 对于大多数平常人而言，以16镖结束只是一个梦想. 当你因为37次投中双倍1而被嘲笑时，你先掷的象征性优势早就不在了.

结束飞镖比赛的测试的答案

得分在159和170之间，恰好3镖结束的分数可能是160、161、164和167.

选手有备选结束方案的第一个分数是164(60、54、靶心，或者57、57、靶心). 前者的可能性比较大. 因为每一镖都不受阻碍，但没有其他强有力的理由作出别的选择.

选手需要战略上考虑的最高分是130. 这里他可以有不同的选择，但是只在其中一种情形下有一个应变的策略.如果选择三倍16、靶心、两倍16,那么一旦错过三倍16,他那一轮将无法有效结束比赛.然而,如果想要三倍20、20,并以靶心结束,那么一旦第一镖意外地落在20上,他仍将有余地选择三倍20和靶心.

第8章

追求发球得分

最好的发球者应该练习回球反攻

对于网球来说,1967 年是重要的一年. 这一年的 7 月 1 日,英国广播公司(British Broadcasting Corporation,简称 BBC)开始了彩色转播,并且决定将首次转播的殊荣授予温布尔登(Wimbledon)网球赛. 他们认为充满绿色的屏幕将带给观众强烈的视觉冲击,事实也确实如此.

尽管其他的一些事情出现时并不如 1967 年的彩色转播那么闪耀,但它们对于运动的未来发展有着更大的影响. 运动装备制造商威尔胜(Wilson)引进了 T－2000. 这个钢框的网球拍,后来由于吉米・康纳斯(Jimmy Connors)的使用而流行起来. 这对于已经使用了一百多年的木框球拍来说是第一个严峻的挑战,并引发了 20 世纪 80 年代中期比赛改革的大潮. 新的材料意味着职业选手能比以前更有力地击球.

今天,得益于现代网球拍的技术,网球比赛被力量型选手主

导,在发球上更加明显.如今,众多的选手可以与传奇人物比尔·蒂尔登(Bill Tilden)和罗斯科·坦纳(Roscoe Tanner)相提并论.人们相信他们俩用老式木质球拍击球时,球速可以超过 140 英里每小时.在现代计时设备的帮助下,安迪·罗迪克(Andy Roddick)于 2004 年成为第一个官方纪录超过 150 英里每小时的选手.维纳斯·威廉姆斯(Venus Williams)创下了 130 英里每小时的球速,她的发球比木质球拍时代的很多顶级男运动员还要快得多.

在顶级网球赛中,发球者有相当大的优势,随着发球力量的增加,这个优势也在增加.可以惊人地预测,顶级选手在他们发球时有大约$\frac{2}{3}$的机会获得分数,至少在草地上是这样,那里的表面是不易毁坏的.〔例如,1999 年温布尔登网球赛的女子决赛,施特菲·格拉芙(Steffi Graf)以 67%的比率赢得发球分,而琳赛·达文波特(Lindsay Davenport)以69%的比率赢得发球分;在两年后的男子决赛中,哥伦·伊万尼舍维奇(Goran Ivanisevic)和帕特里克·拉夫特(Patrick Rafter)分别以68%和69%的比率赢得发球分.〕

但是,赢得发球分如何转变为赢得比赛呢?

成功发球的优势

如果你赢得一定比率的发球分,那么你赢得发球局的比例是多少?你赢得比赛与你得分的比率将是相同的吗?

最简单的情形是两名选手平均起来都赢得相同的分,即无论怎样发球都没有优势,在长期的比赛中以50%的机会得分.在这种情况下,一个发球局变成一个像掷正、反面的游戏,每名选手都有相同的机会赢得比赛.(如果不是这样,我们就会说一些掷出正面的人比掷出反面的人更有机会赢得比赛.)

当发球有优势时,计算赢得比赛的机会是很困难的.但如果你作最简单的推理假设,发球赢得每一分有确切、相同的机会 p,那么存在一个吸引人的、计算赢得比赛机会 G 的公式:

$$G=\frac{p^4-16p^4(1-p)^4}{p^4-(1-p)^4}.$$

关于公式来自哪里,如果你想知道得更多,请看附录.另外,还要喜欢所有的4次幂.

为了计算出赢得比赛的机会 G,你必须在公式中代入 p 的值.如果 p 是1(即发球赢得每一分),那么 G 合乎情理地也是1,因为赢得每一分必定导致赢得每场比赛.

我们曾提到的在发球时赢得 $\frac{2}{3}$ 分数的顶级选手,他们的处境是怎样的呢？将 $p=\dfrac{2}{3}$ 代入公式,得到 G 的大小刚超过 85%. 换句话说,在每一分上的发球优势将使他具有赢得比赛的更显著和更多的机会.

根据每一个不同的 p 值得到的结果可以绘制成下图. 图中显示,赢得比赛的机会随着 p 的增大而增大. 有趣的是,它不是一条直线,而是一条曲线. 事实上,这是一条对网球训练产生影响的曲线,一会儿我们将进行解释.

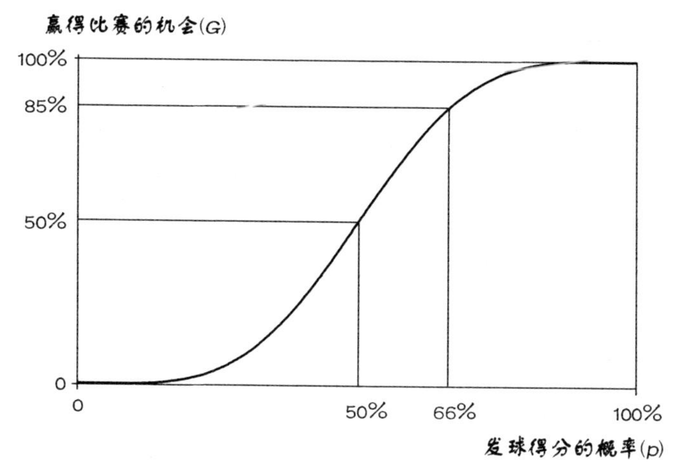

曲线的坡度在选手接近赢得一半分数的地方变陡峭了. 事实上,在这个点附近,选手发球得分的机会每增加 1%,其赢得比赛的机会增加约 2.5%. 所以,将发球得分率从 50%提升至 52%,你赢得这一局的机会将是 55%. 然而,因为曲线变平,进一步远离 $p=\dfrac{1}{2}$ 时,改进发球获得的好处也减少了. 如果一名选手恰好可以赢得发球得分的 $\dfrac{3}{4}$,那么他将期望赢得所有局的 95%,此时调

整发球获得的好处已经微乎其微了. 经济学家称这是报酬递减律.

如果你是一位受尊敬的网球选手,并希望改进你的比赛,这里给出一个实际的提示. 如果你象征性地输掉与你赢的一样多的局数,那么投入在改进发球上的时间将有丰厚的回报. 另一方面,如果发球已经是主要的得分手段,那么你就应致力于其他的技能.

发球得分(ace球)的谜题

(为了解答这个谜题,你必须精通网球的计分系统.)

你坐在屋内,背景是一台无声的电视. 你注意到安迪·罗迪克在比赛中对阵蒂姆·亨曼,并且罗迪克正在发球. 他发了一个 ace 球,接着他又发了超过五个 ace 球,在这期间亨曼根本没有碰到球.

这时,你打开了音量按钮,听到:尽管失去了这些分,亨曼目前仍处于领先. 此刻,这场比赛的得分情况是怎样的呢(在一盘和一局中)?

(答案见于本章末)

网球计分和关键分

发球选手需要至少赢得 4 个球才能赢得一局比赛,尽管计分系统很好地掩盖了这一点. 网球的分数不是称之为 0 分、1 分、2 分、3 分和 4 分,而是已经习惯地记为“love”(网球中的 0 分)、15 分、30 分、40 分、“game”(获胜分数).

这个计分系统起源于法国,数字 60 在计分系统里总是主导部分.(至今,法国的计数系统到六十会令人难以理解地停顿下来. 法国人称七十为 soixante-dix,或者“六十一十”.)

人们认为最早的网球分数是将 60 四等分后累加表示的,甚至可以用钟表的指针显示.第一分是 15,然后是 30、45,接着是 60.多年以后,懒惰使人们把 45 减少为 40.同时,因为数字零的形状像个蛋(虽然还有其他说法),“零(love)”通常被认为是“蛋(l'oeuf)”的变形.

网球计分系统中另一个至关重要的部分是一名选手只有在比对手多赢两分的情况下才能获得一局的胜利.当一局进行到 40 平的时候,一名选手需要赢得接下来的两个球才能赢得这一局,这种情况就是我们熟知的局末平分(deuce,这个词和法语的 deux 或许有联系).

顺便提及,网球比赛中如果一局的得分是 30 平,那么裁判可公平地称之为平分,因为情况和 40 平时完全相同.但如果是这样的话,每个人都会非常不安,所以目前的系统仍将维持下去.

在网球选手中,有一句话是老生常谈,即每一分都是重要的,但一些分比其他分更关键也是正确的.观众对于哪一分是最重要的确实有直觉.如果一个实力强的选手在他发球前以 40 比 0 领先,那么即使失去了接下来的发球得分,他也不会很焦急.另一方面,如果他在比分为 0 比 30 时失掉发球得分,那么他将不得不面临 3 个局点,观众也会因此屏住呼吸.

在一局之中哪一分是最重要的?完全回答这个问题实际上依赖于一名选手获得分数的总的比例.然而,如果你认同下面提供的对“重要性”的定义,那么潘乔·冈萨雷斯(Pancho Gonzalez)——他那个时代最伟大的选手——就是错误的.他主张最重要的一分是当他处于 15 比 30 落后时的发球得分.

估计得分重要性的一个感性方法是计算赢得或失去该分数与赢得或失去这一局之间有多大差别.基于这个定义,30 比 40 总是比 15 比 30 重要. 推理很简单：发球者无论在上述哪种情况下获胜,结果都是平分;另一方面,如果发球者在 30 比 40 时失去这一分,他将输掉这一局,而对于 15 比 30,他将还有机会.

第二次机会

仅在为数不多的比赛项目中,选手可以自动地获得第二次机会,但网球中发球选手都有第二次的机会.

除少数例外,网球选手一般有两种不同的发球技能,一种是快发球(F),一种是慢的旋转发球(S). 当允许两次发球时,发球选手有四种可能的战术,我们用速记形式 FF、FS、SF、SS 表示. 标准的战术是先采用 F,紧接着采用 S,尽管一些选手——哥伦 · 伊万尼舍维奇(Goran Ivanisevic)是其中之一——有时使用 FF;业余选手经常选择 SS. 无论快发是多么地不稳定,或者慢发是多么地无力,为何你从没见过 SF 战术? 这里有一个极好的数学上的原因.

让我们使用一些简单的数据来解释. 假定在顶级男网球选手之间进行比赛,快发球成功(击中目标位置)的概率大约是 50%,

并且当这个发球成功时,发球选手有80%的机会赢得这一分.(这些数据和现实情况差不多.)对于第二个发球,选手必须格外小心,避免失误,并且有数据表明慢发球至少有90%的机会是成功的.当慢发球成功时,赢的机会比快发球时要低,我们假定有50%的机会.女子网球比赛的数据是类似的,虽然女子快发球的决定性作用不如男子.

任何快发球得分的概率是50%×80%=40%.如果谈到慢发球,它得分的概率是90%×50%=45%.

如果只允许有一次发球机会,慢发球是更可取的,因为它有更大的概率获胜.但如果允许有两次发球,依次看一下四个战术.计算得分概率可分为两步:首先,计算第一个发球成功并且得分的概率;接着,把它加到第一个发球失误、第二个发球得分的概率上.由此得到如下表格:

	首发得分	首发失误,但第二发得分	发球得分的总概率
FF	40% ＋	50%×40% ＝	60%
FS	40% ＋	50%×45% ＝	62.5%
SF	45% ＋	10%×40% ＝	49%
SS	45% ＋	10%×45% ＝	49.5%

从表格中可以看出,FS有最好的62.5%的概率,SF以49%的概率成为最坏的情况.碰巧的是,FS总是比SF好,只要选手先快发球(成功的情况下),就比慢发球更可能赢.如果你想了解其中的代数知识,请看附录.

如果一名选手超过50%的快发球中有60%是成功的,那么以快发球赢得这分的概率将超过慢发球. 所以,对于这样的选手,实际上应该建议他始终采取伊万尼舍维奇的 FF 战术. 只有当快发球不太可靠、不太有效(如每一球只有 50%的成功概率)时,SS 战术确实会胜人一筹——正如你每周六下午在当地的公园中见到的一样. 所以,根据具体情况,FS、FF 或者 SS 都可能成为最好的策略,但绝不会是 SF.

当然,事实是没有人预计会出现先慢发球后快发球的情况,这也就意味着选手可以尝试这个出人意料的策略. 它可以偶尔用一次……

一些人认为既然拥有发球权已经具有优势,为什么选手还要有两次机会呢? 也有许多反对的意见. 对于业余选手来说,拥有发球权既有利也有弊,同样的规则应用于这些比赛和诸如罗杰·费德勒(Roger Federer)等选手. 并且,在任何一场比赛中,对于两名选手规则是一样的,因此利和弊将相互抵消. 如果没有第二次发球的规则,观众将很少看到选手使用大力、但冒险的快发球——如果没有快发球,比赛将是乏味的.〔伟大的罗德·拉沃尔(Rod Laver)提出一个折中方案: 允许发球两次,但每次比赛中只允许在 4 个局点时运用. 第二次发球将发挥和扑克中的王牌一样的效力.〕

如果第二次机会在网球比赛中起作用,那么在其他项目的比赛中也加入如何? 在足球比赛中,如果一方得到了危险区的任意球或者角球,当他们第一次失败时,为什么不再给他们一次机会从而增加比赛的刺激性呢? 那样必须有一些方法用于决定何时"第一次"尝试是失败的. 好处是会出现更多的球门口争夺,对于进攻方而言有更多的机会. 另一方面,像现在这样,可能出现与裁判员相关的太多的争议.

发球得分(ace球)的谜题的答案

这道谜题转化为在一场网球赛中,何时可能连续六次发球得分.只有一种这样的情形——选手进入抢七(决胜)局.罗迪克在他发球的时候,赢得抢七(决胜)局的最后两分从而获得一盘的胜利.在下一盘开始的时候仍是罗迪克发球,他连续四次发球得分从而赢得这一局比赛.虽然我们知道罗迪克先赢得一盘并且在接下来的一盘以1比0领先,但是我们也知道亨曼在整场比赛中是领先的.这只可能发生在亨曼已经赢了两盘的情况下.所以,比赛结果是亨曼以2比1领先,罗迪克在第四盘以1比0领先.

第9章

第一个到终点

短跑选手的计算

在 2004 年雅典(Athens)奥林匹克运动会上,凯丽·霍尔姆斯(Kelly Holmes)成为英国 84 年来首位获得两块金牌的女选手.这迅速成为头条新闻,并且几天以来一直是演播室评论员讨论的焦点.

凯丽使用了相似的战术赢得 800 米和 1 500 米的冠军.在这两项比赛的开始阶段,她都在队伍的后面,置身于麻烦之外,并以她自己的步幅跑;最后一圈她向前冲刺,并在最后的直线跑道上超过所有选手获得金牌.然而,这个策略有点冒险.在一场中距离的比赛中,为了压倒众人,你需要超过内道的所有选手.这意味着你需要向外跑一个或者两个跑道。换言之,你必须跑更大的一圈,即跑更多的路程来通过同样的距离(正如红桃皇后对爱丽丝所说的那样).

事实上,凯丽选择比其他选手跑得更多明显使一些电视观众担忧了. 在一次广播节目中,BBC出品人史蒂夫·瑞德(Steve Rider)收到一封电子邮件,上面写着:“我注意到凯丽大部分时间是在第二道上跑的. 这意味着她到底多跑了多少呢?”

瑞德脸红了一下,说道“好的,我想恐怕我不是数学家”,转身去向他的共同出品人休·巴克(Sue Barker)寻求帮助.

像接力赛一样,巴克立刻把这个问题抛给了美国运动员迈克尔·约翰逊(Michael Johnson). 出人意料的是,这位伟大的运动员也未能回答上来:“对此我不是很肯定,但是我想在第二道上你多跑了超过 2.5 米.”

正确的答案是,跑完完整的一圈,相邻的外道比内道增加将近 8 米的距离,所以约翰逊的估计要少得多. 在 800 米的情况下,如果凯丽在第二道跑完两个完整的弯道,她几乎多跑了 1% 的距离,且多用时超过 1 秒. 让我们看一下这个结果是如何得到的.

错开的跑道

事实上,对于距离大于 100 米且小于 26 英里的情况,按照体育规则运动员通常都要沿圆形跑道跑. 从古希腊开始,当第一个运动场建造时,就是如此. 在雅典的泛雅典娜(Panathenaic)体育场,一个如下页图所示的跑道已经被重建,这里举行了 2004 年奥运会和 1896 年首届现代奥运会.

按照现代体育场的标准,泛雅典娜体育场是非常长又非常窄的. 事实上,直线跑道恰好超过 200 米长(是现代体育场长度的两倍),跑道仅有 33 米宽(少于现代体育场宽度的一半). 对于古希腊运动员,这一定也成为一个特别的问题,特别是缩短了内道,因为曲线的半径只有 10 米左右. 运动员在实际赛跑中一定是依靠一条腿来跑的，因为在用全速奔跑时身体会向场内倾斜.

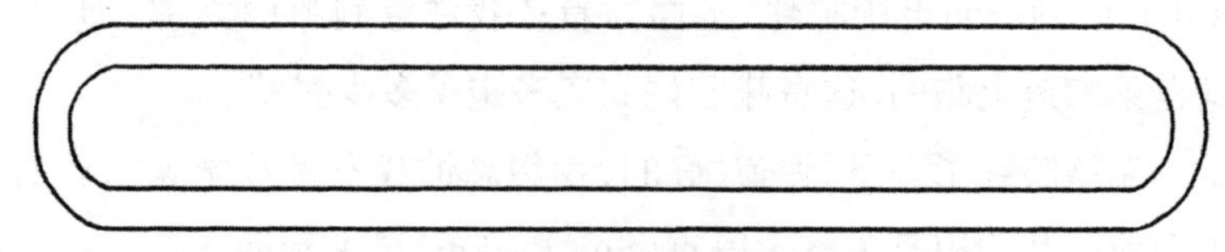

泛雅典娜体育场

运动员必须绕过弯道的事实引出了跑道起点错开的需要.显而易见的原因是，如果所有选手的起跑线是同一条，那么那些绕着外道跑的人一定比在内道跑的人要多跑很多.

你可能认为比赛跑道精确到厘米，但这不是事实.因为总有一些土地受到使用限制，当局允许一定数量的弹性.只要保证最内圈跑道的长度正好是 400 米，建筑师可以使直线跑道部分相对长而弯道部分急一点，或者直线跑道相对短而弯道部分缓一点.实际上，大多数体育场的直线跑道大约为 85 米长，弯道半径大约是 35 米.每一根跑道宽 1.22 米到 1.25 米(这些难看的数字大概是由差不多 4 英尺宽转换过来的).

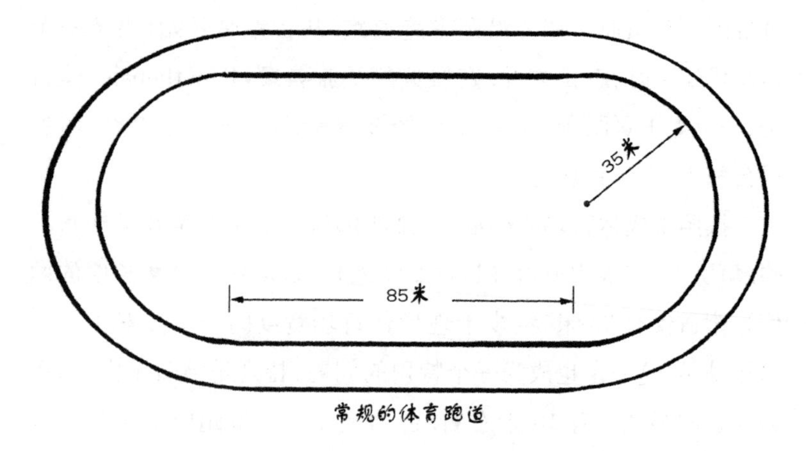

常规的体育跑道

一个会约束跑道尺寸的项目是标枪,因为它是在田径场的中间举行.标枪的世界纪录接近100米,当局允许投掷者在投掷方向上有30度角以内的误差.如果体育场太圆了,标枪有投掷到田径场远端跑道上的风险;如果太长、太窄的话,标枪可能偏离到一边的跑道上.一名选手如果被标枪刺中可能是罗马时代的娱乐,但绝不是21世纪律师索要赔偿要做的事情.在又长又窄的泛雅典娜体育场进行射箭(一项更精确的运动)比赛是可行的,但它绝不适合标枪.

外道的长度可以利用熟悉的圆的方程来计算.圆周长,你会记得,等于π$\left(\text{大约 } 3.14\text{,或者}\frac{22}{7}\right)$乘它的直径.所以,为了计算出运动场弯道部分的距离,用π乘直径即可.

第二道的弯道部分的直径刚好比最内道的直径多两个道宽,大约2.5米.所以,在第二道全程要多跑的距离是π乘2.5,大约7.85米.这对于泛雅典娜体育场和悉尼奥林匹克公园(Olympic Park)都是一样的,也是迈克尔·约翰逊正在寻找的答案.

战术

到了距离终点将近200米的地方,选手努力尽快达到全速,并且一直保持到终点.但正如很多伟大的运动员所展示的,全速跑完全程对于中长跑比赛而言绝不是最好的战术.你应该在接近终点的时候全力以赴,但起跑时的速度如何把握呢?你该从哪里开始全速冲刺呢?简而言之,一个中长跑选手可能出现四种错误的战术:

- 起跑太快,冲刺减慢;
- 起跑太慢,被落下距离太远无法追上;

- 开始冲刺太早，最终速度变慢；
- 冲刺太迟.

800 米被认为是适当的距离：它足够长，使得战术可以起到重要作用. 距离太短将使得选择受到一定的限制. 用两个数据恰好描述战术这个词：首先是第一圈所用的时间；其次是离终点多远开始最后的冲刺. 它们如何组合以达到最佳结果？

这个问题被美国统计学家阐述过，他说服一些俱乐部的选手参加一项实验. 基于从选手们那里得来的信息，他可以通过这两个数据预测出整个比赛所用的时间. 在实验的最后，很显然你能够组织你自己用匀速及确定的时间跑完第一圈，这对于减少整个比赛的用时有最大的影响. 运动员可能描述为"用自己的步速跑"——如果你的对手冲在前面，不要过早地作出反应；如果其他人选择跟在你后面，也不要害怕；要坚持你的步速.

我们不认为凯丽·霍尔姆斯的教练曾经读过这篇特别的分析，但她跑的赛程和数学的建议完全一致.

如果和同样距离的自行车运动相比，800 米赛跑折磨人之处根本不算什么. 800 米的自行车比赛会出现所有运动中最奇异的场面. 对于开始的 600 米，两名自行车选手沿着跑道缓慢前行，小心地彼此注视，就像年轻人在一个周日的下午在街道上闲逛时一样. 然后，还有 200 米，他们突然释放自己全部的能量，不顾一切冲向终点. 只有最后这片刻是真正的全速冲刺.

但为什么先前还要长时间地跟跑呢？原因是对于大多数这样的比赛来说，两名自行车选手都想落在后面. 这个反常的逻辑是由于气流的因素. 当疾驰的速度达到 50 英里每小时的时候，自行车选手会遇到很大的风的阻力，但如果他能够把自己藏在另一

名选手的身后,风的阻力将显著减小.为了保持最后冲刺的能量,从选手自身利益考虑,显然在第二名的位置上更好.结果可能是滑稽的停滞状态,两名选手展示他们在一个静止的自行车上的平衡能力.

全能的获胜者

在几届奥林匹克运动会中,都有选手在不止一个项目上获得冠军.凯丽·霍尔姆斯、杰西·欧文斯(Jesse Owens)和埃米尔·扎托佩克(Emil Zatopek)都在不同的竞赛项目中获得金牌,但这与游泳运动员相比还差得远.虽然伊恩·索普(Ian Thorpe)和迈克尔·菲尔普斯(Michael Phelps)已经是当今最成功的游泳选手,但最伟大的天才可能是马克·施皮茨(Mark Spitz),他于1972年获得7块金牌(这还引发了BBC解说中的一件趣事,当1 500米自由泳几个来回后,解说员口中冒出了这段话:“此时,英国男孩们正让马克·施皮茨迈开步伐.”).

毫无异议,获得一块金牌已经是相当大的成就,获得两块甚至更多金牌是杰出的成就. 然而,有一些不能令人满意的事实是,多块金牌几乎总是在几个类似的、只是距离不同的竞赛项目中获得的. 类似项目的相关性减少了我们对于一系列成功的敬意.

毕竟,如果一名游泳选手以明显优势获得 100 米自由泳的冠军,那么他获得 200 米甚至 50 米的冠军也就不足为奇了. 把这种论断推广到极端情形,我们将会看到同一名选手在 100 米、120 米等每一项比赛中都获得金牌.

相反,多科目的比赛几乎值得多几块奖牌. 看起来,十项全能运动和七项全能运动的男女运动员只获得一块奖牌是不公平的. 选手们拼搏两天,这被认为是对于全能运动员的最好测试.

如果想要公平的测试,那么最好的短跑选手和最优秀的跳高运动员或者投掷运动员谁更优秀是无法衡量的. 身体的调节系统支持这个想法: 例如,当玻璃纤维被使用时,可以极大地提高撑竿跳高的高度,评分系统很快作出调整,使专业的撑竿跳运动员重新排名.

然而,在某些项目上的熟练通常也会带来其他项目上的熟练: 顶级短跑选手通常也是优秀的跳远选手,好的铁饼选手通常推铅球也很好. 为了达到公平,即使一个项目一直比其他项目多

100分也没有关系,因为竞争者获益相同.但项目计分变化的相似性是重要的.如果一个项目比其他项目表现出更多的变化,那么这个项目的专家将获益.原因是那些在这个项目上最强的选手将获得比在其他有较少变化项目上最强的选手更多的得分(高于项目的典型得分).

一项关于五个十项全能世界锦标赛的研究得到了明确的结论.除了1 500米以外,田赛项目中的行为变化要比径赛项目中更多.

1 500米总是最后一个项目.当1 500米比赛开始的时候,大部分选手都知道他们和奖牌无缘.这减少了刺激所施加的限制.这可能部分地解释了为什么选手们在1 500米项目上的表现是如此多变.所以,如果我们不顾这最后一个项目,似乎看起来十项全能运动对投掷选手比对跑步选手更有利.

同样的研究肯定了你的期望.运动员在短跑项目上取得高分意味着在跳远项目上同样表现不俗,且与三个投掷项目有很强的联系.但仍有一些让我们惊讶的地方:好的投掷选手往往是好的撑竿跳选手,而最好的跳高选手通常在1 500米项目上也很强.

如果你必须用选手在十个项目中的一项上的表现来预测十项全能运动的获胜者,那么应该选哪一项呢?你正在寻找一个具有“可传递技能”的项目.如果评分系统改变的话,你的答案也将改变.但目前答案是跳远,恰好排在铁饼前面.所以,任何一名十项全能运动的教练在挑选有天赋的选手时,应该挑选在跳远项目上有竞争力、且在铁饼项目上有潜力的选手.

第10章

进球，进球，进球

可以预测结果的模式

足球的部分魅力，也就是它获得人们喜爱的原因，是即使像皇家马德里(Real Madrid)和尤文图斯(Juventus)这样可以主导赛场的伟大的俱乐部，在任何一场特定的比赛中都有可能令人失望.老话说得好，在足球赛场上没有常胜将军.如果一个周末没有令人震惊的事情发生，那么这个周末才真让人奇怪.而这种事情的玄妙之处恰恰是我们不知道它在哪一场比赛中出现.

足球出人意料的主要原因在于它是一项低比分的运动.在橄榄球比赛中，30比19是很平常的事；在篮球比赛中，比分可能达到74比68；在一天的板球比赛中，比分可能是258比235.在足球比赛中如何呢？20%的比赛你可能至多期望有一个进球.难怪当球越过球门线时欢声雷动.

至少可以这样说，足球进球分析的老生常谈中有一些是可疑的.如果你听到“多么好的进球机会!”这样的话，自问一下何时是进球的坏机会.没有!

还有，球队是不是在刚刚进球后更容易受到攻击？你可能经常听到这个论调，尽管还没有证据表明如此.当然，你可能回想起那些时候，当你进球后，对方直接将比分扳平.但是冷静地看一下统计数据就会发现，你的进球并没有使对手更容易进球.

进球发生在何时

任何想理解或者预测球赛进展的人，必须忽略民间传说，去调查何时进球和谁进球的详情.尽管任何一场特定比赛的结果是绝对难以预测的，但我们可以利用这些数据预测在一定时期内出现多少主场胜利、多少客场胜利和多少平局，以及预测最经常出现的比分是多少.

管理者数学

管理者已经知道偶尔使用数学作评论更具洞察力.下面是那些管理者仍然无法说清楚的三个观点：

我坚信，如果你进了一个球，对手为了获胜必须进两个球.

现今我看到在绿茵场上训练的100个年轻人中，99.5%都来自这个国家.

我要给这支队伍带来360度的大转变.

下页图显示的是1993年到1996年间英国主要的92家俱乐部的大约4 000场比赛中10 409个进球的时间段.例如，你可以看到将近400个进球发生在开场的五分钟之内，大约600个进球发生在60到65分钟之间.

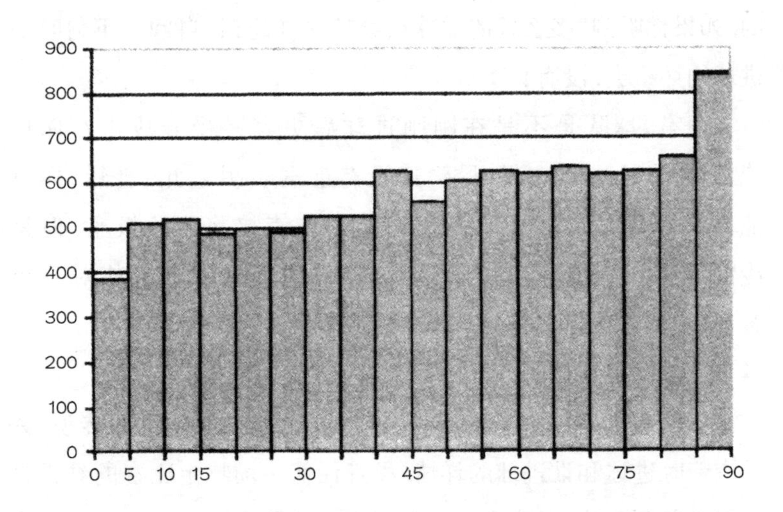

在 40 至 45 分钟和 85 至 90 分钟之间的“突变”(进球数猛增)是容易解释的.裁判员在每个半场结束增加的“补时阶段”的进球也被记录在 45 分钟或 90 分钟内.所以,这两个时间段实际上比 5 分钟要长一些——也就是在每个半场的最后 5 分钟并不是进球的高峰.很高兴看到数据确认了我们所期望的——在每个半场的前 5 分钟进球比其他时候都要少,因为两队都需要花一点时间使球和前锋进入进球状态.

上图表明,随着比赛的进行,进球的可能性存在一个虽小但明确的增长趋势.大约 4 600 个进球发生在上半场,而下半场比上半场多 25%的进球.这里还有一个小的因素,统计学家从更详细的研究中注意到:在一场比赛中已经进的球越多,我们相信后面进球的可能性越大.进球产生进球——对于双方都是如此:好像防御下降和精确射门都具有传染力.

主场优势

在关于进球得分的研究中还有一个重要模式,那就是主场优势.主队比客队进更多的球,赢得更多场比赛的胜利.对于所有国家和所有水准的足球比赛,这是一个事实.

以下两幅图显示1972年到2002年间英国主要俱乐部30个赛季的主场和客场表现.主队平均每场进球1.5个,而客队平均每场大约有1.1个进球.

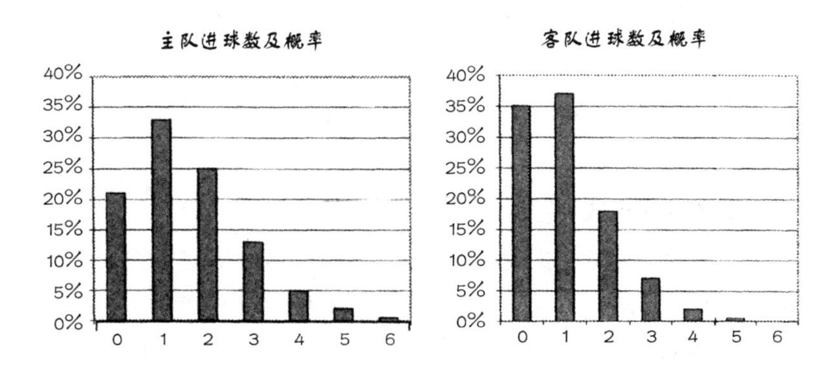

如果进球是一个随机过程,那么这些图就可以用来预测一个特定结果出现的概率.例如,1比1平的概率是多少?从客队进球数及概率图中,你可以看到进一个球的概率大约是37%.同样,主队进一个球的概率大约是$\frac{1}{3}$.所以,如果两支球队以这些概率获得进球,我们可以估计1比1平的概率是把这两个数据相乘即可.37%的$\frac{1}{3}$差不多是12%,也就是八场比赛中差不多有一场比赛是平局.

事实上,基于同样的想法,我们可以预测下面的比分依次为足球比赛中最可能出现的结果:

1:1	平
1:0	主场胜
2:1	主场胜
2:0	主场胜
0:0	平

这个预测和顶级足球赛中的实际结果比较会如何呢？结果是完全准确.在一半以上的比赛中,这是最常见的五种结果,且客队无一获胜.这五种结果实际出现的频率和我们从图中得到的数据是接近的.

足球进球模式

为了预测最常见的足球赛结果,我们使用两个直方图来表示主场和客场球队进0球、1球、2球……的频率,如上图所示.但是有更简单的方法来估计各种比赛结果的概率——仅使用每个队进球的平均数,这看起来几乎同样精确.

根据大量的数据观察,进球是随机出现的,这意味着一支球队实际的进球数符合称之为泊松分布(Poisson Distribution)的统计学模型.知道主队和客队进球的平均数后,由这个统计标准量可相应得到各队进0球、1球、2球……的频率,并且这些数据和图中的几乎完全相同.仅仅知道这些平均数实际就足够了.

总结一下,我们对足球赛提供以下概括的说明.暂时忽略哪支球队实际得分,随着比赛的进行,进球是随机出现的,大约每35分钟进一个球;上半场进球出现得慢一点,下半场稍微快一点,当我们已经有进球的时候会更快一点.根据前面的统计图,主队平均进球1.5个,客队平均进球接近1.1个.

上述概括的说明很符合30年来的比赛结果.对于单场比赛,

你可以根据球员状态、伤病情况、联赛排名、主教练更换等因素,调整对每支球队可能进球的平均值的估计,从而猜测出该场比赛结果为3比1的可能性.但仅仅用主、客场进球数的总体平均值,我们提供的模型就可以精确地预测出单场得分出现的频率以及比赛结果.

把所有可能的得分放在一起考虑,模型表明(实际的结果也与之相符)大约46%的比赛主队获胜,27%的比赛客队获胜,27%是平局.主场优势是真实可见的,但数据并不能告诉我们为何如此.是主场观众的呼喊声、熟悉场地的氛围,还是裁判的潜意识的偏见所致呢?

预测结果

在足球世界里有一群人直接从结果预测公式中获益.当下雨或者下雪导致几场比赛被推迟,“足球博彩小组(Pools Panel)”迅速被召集起来.它的工作是预测被推迟的比赛的结果,唯一的目的是允许对足球比赛的输赢下赌注,好像比赛继续进行一样.

足球博彩小组是由一群退役的足球运动员和其他专家秘密聚在一起组成的.他们如何确切地得到诺茨郡(Notts County)将击败贝里(Bury),或者阿伯丁(Aberdeen)将和爱尔兰人(Hibernian)打成平局的结论,仍是一个秘密,但从没有怀疑的声音响起,因为各支球队的相对优点已经被讨论过.

我们可以借助于计算机,而不是将一群人隔离起来好几个小时.对于任何一场比赛,输入每支队伍期望进球的平均数,以我们描述的方式模拟比赛,每支队伍的进球数在90分钟里随机出现.然后宣布结果.如果计算机分析认为格林厄姆(Gillingham)以2比1胜克鲁(Crewe),那么足球博彩小组将提出主场胜.

顺便提及,同样的思想可以用于任何一场你想打赌的比赛,只需通过估计每支队伍进球的平均数.如果过往的历史表明格林厄姆将得1.8分,而克鲁将得0.9分,那么你可以计算每支队伍获胜和双方打成平局的概率,接下来将此概率和博彩公司提供的概率相比较.如果存在显著差异且对你有利,那么值得一赌.

当然,我们这里只是处理平均成绩.实际比赛中,克鲁可能以4比0彻底击败格林厄姆.但至少,如果是计算机给出预测的,因预测错误而受责备的应该是计算机,而不是使用它的足球博彩小组.

接下来发生什么

所有这些对于球迷有什么帮助呢?我们的进球预测不仅有助于在比赛开始前预测结果,也有助于理解正在进行中的一场比赛将有可能如何结束.

例如，如果你的球队率先进球，从常识上讲，你们更有可能获胜而不是输掉比赛. 但有多少可能性？常识告诉我们，这依赖于很多因素，不只是何时进球. 如果在一场比赛的最后时刻才有首个进球，那么胜利几乎是肯定的，很早的进球使得对手有足够的时间来反败为胜.

假设你的球队——城市队(City)——正在经历一场至关重要的本地区的比赛，两支队伍在积分榜上的位置相同. 在同一地区的比赛中，主场优势并不那么关系重大，所以我们假设两支球队任何时候都有相同的可能性进球. 你还没有听说比赛结果，但感谢一些人为的情况，起先你接收到诱人的消息：比赛中得一分，你的球队以 1 比 0 领先. 问题是，你不知道何时进的球. 你该作何感想？

我们尝试一下简单的模型. 略去细节，数学的建议会使你相当满意. 如果城市队在比赛中以 1 比 0 领先，那么你可以期望他们有约$\frac{2}{3}$的机会赢得比赛. 在首先进球之后，他们只有$\frac{1}{7}$的机会

输掉比赛,甚至情况更好一些,实际比赛的数据也显示如此.

既然有很多与概率相关的问题,你不得不读一下小号字,因为措辞上的微小变化都会改变结论.例如,你从一篇比赛报道中听到片断"城市队进了第一个球",那么认为这场比赛有不止一个进球是稳妥的.(否则的话,记者不会使用"第一"这个词.)既然有更多的进球,那么首粒进球有很大可能被证明不是决定性的.因此,从你的观点,听到片断消息"城市队攻入了首粒进球"比听到城市队在某一时刻领先一球更糟糕.

你可能从电视新闻的报道中获得了不同的零星消息.你调换频道,正好看到城市队进了一个球,接着新闻继续报道其他消息.你知道城市队进球了,并且知道这是本场比赛的最后一个进球(新闻里总是依次播放进球).但城市队获胜的概率是多少呢?

根据我们的比赛模型(它看起来非常值得信赖),答案应该和他们赢得首粒进球是完全一致的.把时间倒过来:最后一个进球成为首粒进球,即使进球率变化一点,哪个球队进哪个球实质上仍是一样的;当你赢得最后一个球,你将有$\frac{2}{3}$的机会赢得比赛,与你进第一个球的比率一样.这就是现实中发生的情况.

这种想法可以作进一步推广.如果你们踢进第二个球,那么你们赢得整场比赛的机会还是大约$\frac{2}{3}$吗?绝不是!你们赢得第二粒进球从而赢得整场比赛的可能性相比赢得首粒进球的情况大大降低!数学上表明:如果你踢进第二个球,你将赢得比赛的概率大约是$\frac{3}{5}$.

减少的原因是微妙而简单的：事实上，你们进了第二个球意味着这场比赛至少有两个进球.只有一个进球的比赛不包括在数据中.显然，在所有淘汰赛中，首先进球的球队获得比赛的唯一进球，因此赢得比赛.甚至是问谁进了第二个球也在那些首先得分的球队获胜的比赛中，排除了大量的比赛.

因为足球比赛总体进球水平低，所以首粒进球和第二粒进球对于比赛结果是有重要影响的.在橄榄球或者篮球运动中，在比赛的发展过程中，首先进球的影响是相当小的.

红牌罚下

不止权威人士和球迷可以从足球预测模型中获益.尽管有怀疑的理由，但这可能对选手也有帮助.

足球教练一定这样抱怨过——“与10个人踢比与11个人踢更难”.任何这样的主张都佐证了他们自己战术准备得不充分，因为常识告诉你这种说法一定是不成立的.否则的话，球队将只要不断地减少成员就可以了.但多一名队员有多少优势呢？额外的球员又能带来多少进球呢？足球运动员应该知道这些的一个原因是他可能必须立即作出决定：是否应该为了球队的利益，故意犯规而被红牌罚下？如果这样做，那么他将阻止可能的进球.

只有在势均力敌的比赛中，这才是一个真正进退两难的选择.所以，我们假设比分相同.我们肯定也需要知道比赛还剩下多少时间.在最后的1分钟，(玩世不恭的)选手总是为了阻止进球接受被罚下；否则，比赛就输了.但如果比赛还有20分钟，他是否会做出同样的事情，我们不得而知.

我们忽略那些球员被红牌罚下的同时对手获得罚球的时刻：那几乎总是一个不利的想法.3名荷兰统计学家调查了340场每

场只有一支球队的一名队员被罚下的比赛，从而提出如下建议.这使得他们能够根据比赛的剩余时间估计额外进球的平均数.现在，他们能够实行一个平衡方案：一方面，如果进球的机会不大，那么不要恶意犯规；另一方面，如果你们肯定要以多敌少，那么增大额外进球的可能性.

关键是需要确定比赛风格转变的时间.在那个时间以前，如果你们表现得像个绅士，让比赛继续，那么球队的状态是好的；但在那个时间之后，如果你们犯规，并且有队友被罚下，那么球队的状态仍是好的.如果你们不犯规，那么风格转变的时间会根据对手有多大的可能性进球而变化.

做个深呼吸：如果你确信对手能够进球，那么尽早在第 16 分钟犯规.但我们都曾看到顶级前锋错过得分良机，由此而提前退场是很少发生的.如果进球机会是大约 60%，那么不要在 48 分钟之前犯规；如果进球机会低于 30%，那么直到比赛的最后 20 分钟再采取行动.

第 11 章

11（和其他奇数）

体育中的数字和数论

如果你参加一个团体比赛，你会碰到奇数. 我们这里不是指打赌，但是奇怪的现象是在大多数比赛中，球队是由奇数个选手组成的. 事实上，我们已经搜索了体育百科全书，很难找到一项世界范围的主流运动，队伍的成员不是奇数. 我们就从流传久远的国际团体比赛开始吧：

足球　11

板球　11

曲棍球　11

英式橄榄球联盟　13

英式橄榄球联合会　15

再加上三个美国主流运动项目：

篮球　5

棒球　9

美式橄榄球　11

除此之外,很多较小规模运动的队伍成员也是奇数——爱尔兰式曲棍球(15 人,从开始的 21 人或者更多逐步减少),快速球和冰上曲棍球运动(11 人),水球、卡巴迪和手球(7 人),等等.

也有一些例外的情况.一艘船一定有偶数条桨,不然船很可能会绕圈(尽管加上舵手,队员个数又成了奇数).马球一组有 4 名队员,排球和冰球一组有 6 名队员.但如果你参加一项团队运动,你们的小组成员是奇数的概率是很高的.

11 的倍数

值得注意的是,在团体参赛人数的列表中 11 是很常见的.这个数有什么与众不同?人们可能举出理由来说明 11 是很优雅的.首先它是对称的(颠倒或者镜像以后,它仍是 11),其次它还有一些奇特的数学性质. $11\times11=121$, $11^3=1\,331$, $11^4=14\,641$——所有这些结果都是回文数.如果你拿出任何形如 abcabc 的数字,如 851 851,那么它总能被 11 整除.如果你正在寻找 11 系列的难解之处,那么"十一十二是十二十一"这个字谜怎么样.那一定意味着什么!

像这样的性质当然已经吸引了中世纪的神秘主义者和数字命理学家,并且可能有助于给出数字 11 的一些符号意义.但这足以说服新建立的足球联赛管理当局选择 11 作为球队成员数目吗?可能不会.毕竟,11 也有不利的方面.它是奇数,这意味着没有办法把它分成相等的部分;不像 12,可以被 6、4、3 或者 2 整除.

数字 11 的奇特出现

如果你足够注意运动中出现的任何数字,你可能到处都会发现 11.下面

是11的更多一些实例:

- 板球的击球手正好有11种不同的出局方式.

- 在最近几年,乒乓球的计分系统已经改变,获得一局胜利的分数是11而不是过去的21.

- 有11名官方裁判(1名主裁判和10名边裁)来监视在温布尔登(Wimbledon)的网球比赛.我们知道没有其他运动项目的裁判和选手的比率(网球单打中是11比2)是如此之高.

第一个团体运动项目选择11作为官方数字的应该是板球,修改后的板球比赛规则被公布于众的时间是1835年.在那之前,板球队通常由随机的11名或者12名队员组成.如果回溯更久,那时几乎根本没有规则.板球的第一号规则没有提到场上队员的数量,并且那时候18名绅士对抗11名英格兰选手也是不足为奇的.毕竟,团体运动的本质是在两支实力接近的队伍之间的竞赛,所以使强队的人数较少是完全符合那种精神的.但为什么全部英格兰队员是11名呢?

板球运动中11流行起来的一个可能线索是来源于在18世纪板球运动中的其他数字.球场的官方颁布的长度为22码,官方的三门柱的高度是22英尺,这两者都是11的倍数[1].22码是一个非常古老的度量单位——它是弗隆(furlong)的$\frac{1}{10}$,是撒克逊(Saxon)农场主的一块土地的标准宽度,之后因为测链而闻名于世.可能马利邦(Marylebone)板球会基于以下事实,即22已经成为一个板球数字,所以规定赛场上的运动员数也应该为22.

足球协会是第二个选择11作为它的官方数字的.很多早期

---

① 现代这些门柱是28英尺.

的足球俱乐部是由板球俱乐部衍生过来的，如谢菲尔德联合俱乐部(Sheffield United)，所以足球队的 11 名球员几乎可能是从板球运动中借鉴而来的. 事实上，板球培训学校和大学，如伊顿(Eton)、哈罗(Harrow)和剑桥(Cambridge)，都参与了早期的有关足球规则的起草，强化了 11 这个数字.

那之后不久，数字 11 穿越了大西洋. 1873 年，耶鲁(Yale)大学的球队和伊顿大学对抗，首次尝试每队有 11 名队员上场. 几年以后，当美式足球规则制定的时候，是耶鲁大学影响了场上球员数目的选择. 当大部分美国大学更加推崇橄榄球 15 人制的想法时，耶鲁大学推动了足球的 11 人制，因为他们认为 11 人制更加鼓励开放的打法. 因此，听起来有些奇怪，美国足球选择 11 人制几乎可以肯定是由于板球的影响. 有多少美国人了解这点呢？

还有一个更加平凡的原因，使得11可能成为大部分运动场上球员的数目. 11比10多1. 板球队可以被描述成1个队长和他的10个手下，或者10个接球者和1个捕手. 足球队有10个外场球员和1个守门员. 事实上，几乎所有的“进球”类运动，都在后卫位置上有奇数个球员，或者1个守门员或者防守的后卫，这样其他的球员可以分成相同的两部分在左侧或者右侧进攻和防守. 这将有助于解释为何球队人数普遍是奇数.

或许这只是巧合. 阐释数的意义，或者说数字命理学，和运动中的占星术应用得一样广.

所有这些数字都是“人造”的. 但运动本身能产生模式. 这些将随机地发生，看起来像一只大手在起作用.

幸运的和不幸运的数字

当20世纪20年代球队将数字印在球员球服背后的时候，那些数字便开始呈现出它们自己的特色. 对于一些人而言，数字9永远是博比·查尔顿(Bobby Charlton)的同义词，数字15是和约翰·彼得·里斯·威廉姆斯(J. P. R. Williams)联系在一起的. 但在美国运动史上，球服上面数字的重要意义上升到了另一个水平，为了纪念那些穿过它们的伟大运动员，某些数字退役不再使用了. 例如，你永远不会看到一名纽约洋基队队员穿着印有数字3的衣服，因为那是贝比·鲁斯(Babe Ruth)的号码，当1948年他过世的时候，3号球衣就不再使用了. 在1999年，99(另一个11的倍数)从国际冰球联赛冰球球服上退役了，是为了纪念穿过它的韦恩·格雷茨基(Wayne Gretzky).

11 届世界杯冠军

国际足球联盟世界杯，从 1962 年开始的连续 11 届世界杯冠军队形成了国家排列的神秘的、不可思议的几乎完美的模式.

1962　巴西

1966　　　英国

1970　　　　　巴西

1974　　　　　　　西德

1978　　　　　　　　　阿根廷

1982　　　　　　　　　　　意大利

1986　　　　　　　　　阿根廷

1990　　　　　　　西德

1994　　　　　巴西

1998　　　法国

2002　巴西

只有英国和法国破坏了对称，但是这两个国家不论在地理上还是在字母表上都是紧挨着的. 那些确信像以上的一些图表有更深层意义的人用它们来预测.

因为这一模式，你也许试图打赌 2010 年德国会获胜(别忘了，1954 年西德获胜). 然而遗憾的是，2010 年德国没有夺冠，这给出了数字命理学局限性的更进一步的证据.

数字 13 是传说中最不吉利的数字吗? 棒球比赛中，你将不能看到数字 13，因为它往往从棒球队中退役了. 原因很简单，由于在美国的体育运动中人们对 13 的恐惧是普遍的，以至于运动员几乎从不穿它.

在美国以外，尽管迷信是常见的，这个迷信的想法并没有如此普遍深入人心. 橄榄球联盟看起来喜欢选择 13 作为队员的编号. 但是,哈德斯菲尔德队(Huddersfield)在这点上脱离了联盟,他们球员传统的编号是 1 到 12 和 14. 橄榄球联赛球队巴斯(Bath)和里士满(Richmond)有相似的策略,因此有编号为 16 的球服,而其他球队用字母作编号解决了这个问题,直到组织机构通过标准化球服编号的设计才杜绝了这传统的荒唐行为.

和 13 相联系的坏运气甚至可能连累到其他数字. 澳大利亚板球传统上认为 87 是个不吉利的分数. 为什么? 因为比 100 少 13 的就是它. 如果得分跳过这个数字,一名击球手会因此很高兴. 得分 111 分——通常称之为“纳尔逊”(Nelson)——看起来也是板球队员所恐惧的.[①] 更不必说,当这些分数出现在记分板上的

① 据说纳尔逊这个名字来自(误解的)信念,纳尔逊勋爵有一只眼睛、一只胳膊和一条腿. 数字 111 也像板球三柱门的形状.

时候,曾经出现过三柱门掉落的情况,讲解员会使大家注意这个事实.而当得到该分而没有意外发生时,这种无效事件将很快被人们遗忘.

有证据表明一名击球手更可能拒绝接受一些得分吗?为了估计一名击球手受影响的程度,或者对特定分数的冒险率,比如说10分,需要两个数字:

N =他曾经至少得10分的次数.

R =他因为那个分数出局的次数.

那么,他的冒险率就是 R 和 N 的比率$\frac{R}{N}$,并且该数值越大,他越容易受到该分数的影响.如果在板球运动中13、87或者111之间存在不吉利的重要影响,那么我们期望看到在这些点的冒险率上出现偏离.

当然,如果有大量数据,这样的计算可能是可以信赖的.如果击球手从没碰到87分,我们如何知道他是易受影响还是相反呢?唐·布拉德曼(Don Bradman)曾经是他那个时代最伟大的击球手,他得过很多次111分.根据纪录,他在国际板球锦标赛(Test Match)从未因87分或者111分而出局,而他两次因为112分出局.事实上,截至2004年末,国际板球锦标赛的历史上,只有43名击球手因为111分而出局,相比较而言,有61名击球手因为112分而出局.可能越过决定性的不吉利分数后选手的注意力会有片刻分散,导致不可避免的柱门倒落.

变成偶数

尽管奇数看起来在队员的数目上占绝大多数,并且在很多其他重要的统计学上占优势,但仍有体育的一些领域中偶数做了还击.最明显的是,为了尽量公平,很多竞赛安排两队都有同样机会享有先天的优势.所以,英式足球、橄榄球和类似的比赛分为两个半场,在上半场处于顺风或顺坡或泥泞的一方,在下半场将处于相反的条件.

美式橄榄球和澳大利亚式橄榄球,更进一步把比赛分为四个阶段,在每个阶段结束后球队交换方向.整场的马球比赛被分成8个相等的"回合",这项运动独特的规则是每进一个球,双方都要交换场地.

对于室内运动,来自自然的不确定的先天优势是微乎其微的,对它的争论意义不大,但即使这样,几乎所有的运动都被分成偶数个阶段.主要的例外是冰球,它的赛程被分成3个20分钟的时间段,正如一个作者指出的"三个半场的比赛".

有时对称性的概念不可避免地产生偶数.例如,高尔夫球场有向外和向内一系列的球洞,它们是偶数个,总数几乎总是18.再如,一个槌球草坪,绕着结束木柱对称排列偶数个(6个)拱门.

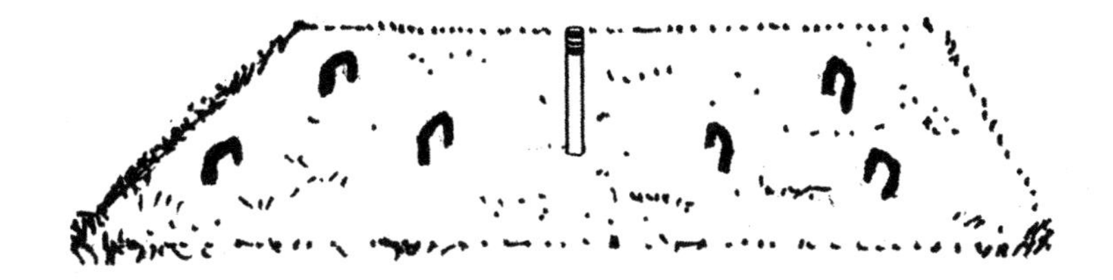

看起来好像没有压倒一切的理由非选择偶数不可,但主要的竞赛项目和奥运会游泳池都有8个赛道;接力赛跑,不论在地上还是水里,有偶数个赛程,通常是4.(然而,多竞赛的比赛,双项、三项、五项、七项、十项全能运动,确实有奇数和偶数之分)

在几乎所有的联赛中,每次联赛都有偶数支队伍参加比赛;

并且如果两支队伍相遇不止一次,他们通常相遇偶数次,考虑到相等数目的“主场优势”.

淘汰赛比赛的组织者喜欢 2 的几次幂——大型的网球锦标赛种子选手有 16 名或者 32 名.当英格兰足总杯最强队开始第三轮比赛的时候,只剩下 64 个竞争对手了.如果参加这类比赛的队伍数不是 2 的几次幂,那么将通过预选赛适当地减少参赛队伍的数量.

顺便提一句,运动谜题中著名的一个问题是“如果有 373 支队伍参赛,总共需要安排多少场淘汰赛”.不要试图算出需要多少场比赛使队伍数减为 2 的几次幂,然后计算还需要多少场比赛.需要认识到这些比赛只产生一个获胜者,其他队伍都将被淘汰,而且每场比赛将淘汰一支队伍,所以需要的比赛数总是比队伍数少一.你只要回答“372 场,请说下一个问题”.

第12章

使角度正确

斯诺克和朋友们——一个椭圆的远足

提到精确,很少能有和斯诺克相提并论的运动[①]. 任何一个在球杆上方弯腰低头、瞄准球台另一端黑球的人都会体会到击中目标并让黑球沿着正确的方向行进的成就感. 不像步枪射击或者其他射击比赛,斯诺克会产生各种各样的情况. 所以,选手必须学会在很多不同的位置,用不同的力量和旋转,知道从何处击球. 更重要地,选手要知道任何一击的最小的误差都可能把比赛拱手让给对手. 在最高级水平的比赛中,一名选手可能以 0 比 5 输掉比赛而根本没有出手的机会.

如果你击母球的方向有一个小的偏差,目标球将被打歪. 通过计算目标球歪了多少,就可精确地找到击球的"正确位置".

从现在开始,母球被称为"白球",目标球被称为"黑球",而不管实际瞄准的是什么颜色的球. (在白纸黑字的书中,这种称呼使

① 斯诺克是台球比赛的一种. ——编辑注

得问题更加简单).

假设你使白球以一个小的角度击中黑球,像这样:

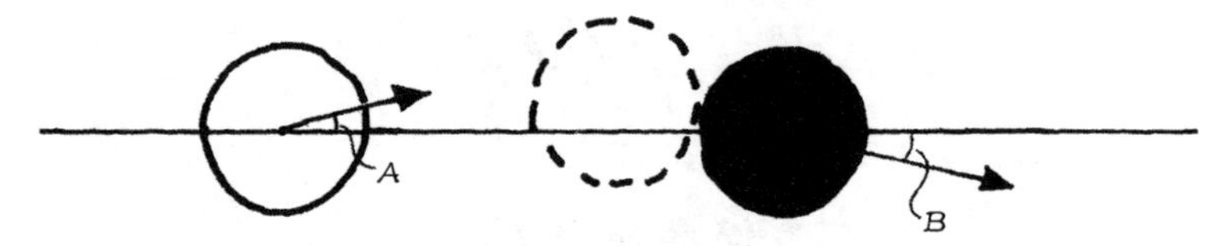

虚线的圆表明了白球撞击黑球的位置.现在不管白球以何种角度(我们称之为 A)撞击,黑球偏离的角度 B 会更大.只要白球和黑球之间的间隔大于全尺寸球的直径 5.25 厘米,这总是事实.

对于不太出色的斯诺克选手,这个几何事实是坏消息的开始.因为它意味着角 A 的一点小的误差将会放大成角 B 的较大的误差.

事情变得更糟.假设你把白球应该撞击黑球的位置计算错误了,瞄准的位置比黑球表面上正确的位置偏了一点.只是为了好玩,让我们记误差为 E.结果是:如果误差 E 变成原来的 2 倍,那么黑球偏离目标位置远不止 2 倍.换句话说,你的误差越大,误差被放大得越大.

下页的图告诉我们发生了什么.

这解释了为什么斯诺克(以及其他台球)会成为极其难应付的比赛.

按照距离估计,这些误差有多大?假设白球和黑球之间的距离大约是 50 厘米(对于很多击球来说是偏近的距离).如何把选手瞄准白球的角度误差变成黑球的误差呢?数学上(或者说事与愿违,如果你想从这个方面考虑)假定当目标球有 50 厘米远时:

- 如果是完全的直线击球——也就是说,A 是 0——那么即

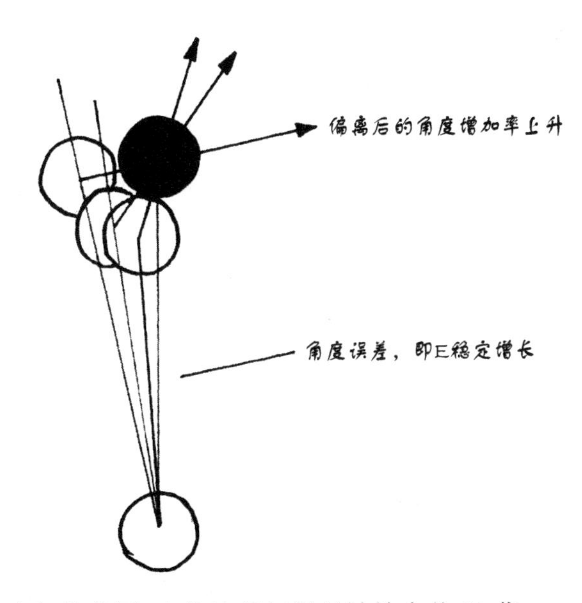

使在这么短的范围,直线的任何误差被放大约 10 倍.

• 如果你想使球偏转 45 度,例如当试图把绿色位置上的球撞球进角袋,而白球是位于黄色位置上时,误差的放大因子接近 15.

• 如果黑球在黑色位置上,离角袋 1 米左右,即使白球方向上的$\frac{1}{3}$度的误差,也意味着黑球将偏离目标 3 厘米远. 这足以使它在角袋口疾驰而过.

当两个球之间最初的距离越大,你击球方向的误差被放得就越大. 如果白球和黑球之间的距离是原来的 2 倍,那么黑球的误差比 2 倍大得多.

所有这一切只是增加了我们对于像罗尼 · 奥沙利文(Ronnie O'sullivan)那样展现一贯稳定技能的选手的尊敬.

最艰难的击球

不需要选手计算任何角度的击球是直线击球，也就是说，此时白球、黑球和球袋完美排成一条直线．假设白球离球袋的距离是给定的：理想情况下，你宁愿黑球离白球近，还是它位于白球和球袋的中间，抑或是它紧邻着球袋？

数学告诉我们，最容易击球的是白球和黑球几乎贴着并和球袋成一条直线的情况．即使你沿着正确方向只是随便一击，黑球也会直奔球袋而去．

台球随便一击

当黑球在球袋口时，情况几乎是一样容易的．在这种情况下，只要白球沿直线笔直地朝黑球撞去，只要两球相碰，黑球就会入袋．

然而，当白球和黑球的距离、黑球和球袋的距离都很大时，直击就变得困难多了．

再一次，这个问题出现了，因为白球方向上的任何误差都将导致黑球方向上误差的放大．结果是当黑球在白球和球袋中间时

误差最大.

上述击球方式中,哪一种最难?当然,和压力有关——1985年,当丹尼斯·泰勒(Dennis Taylor)在对决史蒂夫·戴维斯(Steve Davis)的重大比赛中,他低头弯腰,推出最后一杆,常规的一杆一定具有成功的极高比例.忽略心理上的因素,最难的一击将是选手可以承受最小幅度误差的一击.

忽略明显的限制,两个球中的一个和球台边非常近时,有两种因素在起作用.首先是我们前面讨论过的误差放大因素.这表明最难的一击将是长距离的、非常精确的削球.例如试图击打从球台另一端与黑球构成D形的白球,使黑球入袋.(不要惊讶,斯诺克选手似乎从不这样击球.)

尽管还有一个因素:选手需要知道白球撞击黑球正确的位置.(如果方向瞄错,精确没有任何意义!)可需要论证的是,你要确切地知道白球瞄准哪里——用精确的削球和黑球轻轻相擦.如果你

想要撞击黑球的角度小一些，那么你该瞄准白球哪里呢？只有拥有最丰富的关于三角学知识的头脑或者多年的经验可以告诉你.

如果排除黑球在运行中从球台边反弹的复杂情况，所有将完成的最难的(可行的)无障碍的击球是怎样的呢？我们寻找四种情况——白球离黑球很远，黑球离目标球袋很远，偏转的角度大和入袋范围尽可能窄——综合考虑.

有两种普通的候选情况. 第一种，两个球在球台的相对的两端，黑球离两个球袋的距离相等——有点像开球时黑球摆放的位置. 第二种，黑球离球台的一边大约$\frac{3}{4}$远，离一侧的球台边几英寸远，需要精确地削球把它挤进中袋. 白球靠近相反的角袋. 如果这两击都能成功，你在斯诺克比赛中的前途将一片光明.

白球去哪儿

斯诺克不只是击球入袋. 一个想突破的选手既要考虑撞哪个球入袋，又要考虑白球去哪. 这点也是斯诺克至关重要的组成部分. 选手可以通过不同方法设法得分，例如，使母球击中目标球，或者炮弹式发球，甚至把母球撞入袋中. 确实，在远古的一种掷硬币的游戏中，这种考虑是成功的关键. 玩家试图轻推一个硬币到板上，并且同时希望射出的硬币落在板上.

力学原理给出了白球应该朝哪个方向前进的一个好的指示. 如果球没有旋转，且白球和黑球相撞时没有能量损失(这是两大前提条件!)，那么白球前进的方向将总与黑球前进的方向垂直. 白球前进多远决定于撞击力有多大.

即使没有给予旋转，现实情况也并非如此简单. 如果白球正在向前滚动，不只是滑行，那么它将保持沿着原来移动方向继续运动的趋势.结果是白球将以一个小角度偏斜.

所以,两个碰撞的球理论上将有如下结果:

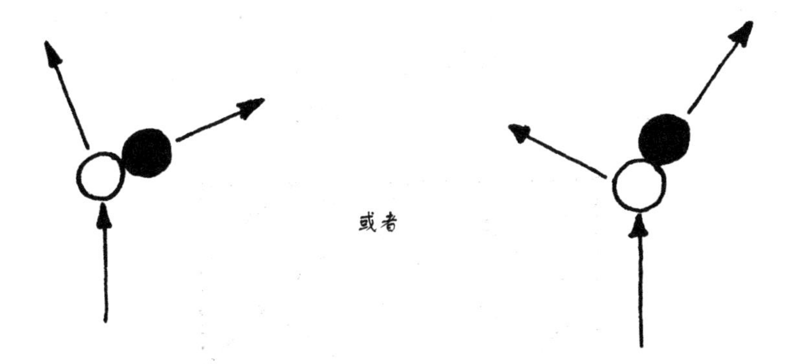

但实际上,由于向前滚动,除非选手使球旋转起来,否则它们更可能像这样……

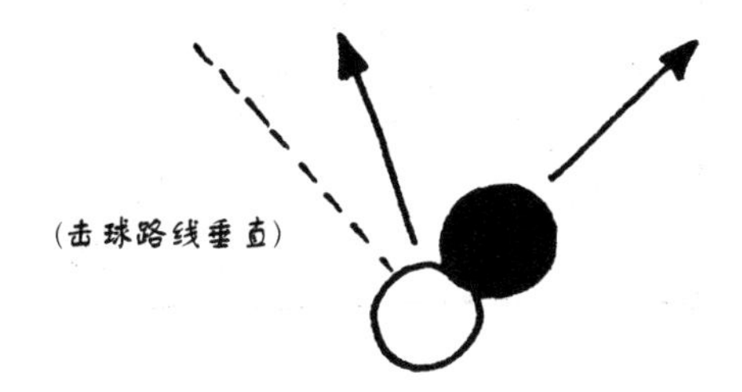

防守可能是比赛同样重要的部分,最好的一杆是使你的对手处于无法直接击中目标球的境地.未击中目标球比尝试一个棘手的击球所引发的问题要多得多,这意味着或者使白球转弯,或者至少在球台的一边反弹,并且要加持运气,球结束的位置才使对手不容易击球.

球从球台边上弹回的路径和光线从镜子里反射的路径是类似的,但不是完全相同的.在光线的情况下,光柱入射镜面的角度和它反射的角度是相同的.置于长方形的镜子内的激光发出的光柱看起来如下(见下页图):注意到光柱总是以平行线传播(或者朝着东北或者朝着西北),随着光线的传播,形成了一个完美的模式.在理想化的世界里,这就是球经过多次从球台边弹回的情况.这表明即使你被限制只能瞄准白球一个方向,如果从球台边反弹的次数足够多——当然要假设在前进的路上没有捣蛋的球或落袋,你的白球仍能到达球台的大多数区域.

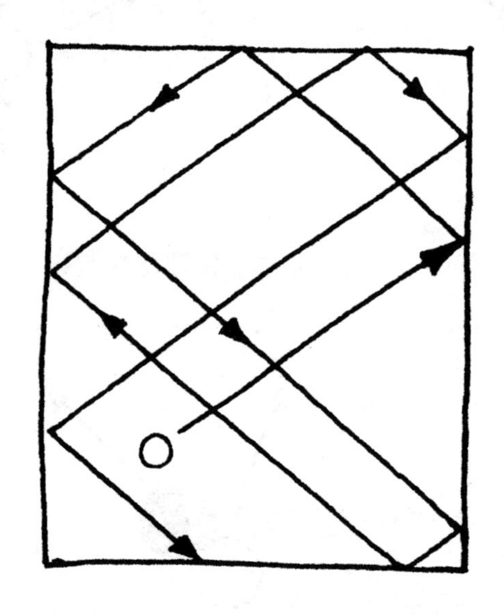

可以把实际的球台的四面看作是镜子房间的一个不坏的近似,但实际的球会遇到与光的反射不同的情况——因为有摩擦力.想象一下,白球完全被击打在中心位置,没有偏也没有旋转.当它以一定的角度击中球台边,摩擦力或者说球台边对球的吸附力将导致球有些轻微地旋转.结果是它将以一定的角度从球台边反弹出去,但这个角度比它撞击球台边时的角度要小.球撞击球台边的角度越小,偏差越显著.看起来像是球"拥抱"球台边.为了克服这种作用,如果斯诺克选手希望球以"正确"角度弹回,那么

他击球时必须运用一些逆旋.

数学家有关斯诺克击球的"诀窍"

在理想化的世界里,斯诺克的球台边就像镜子一样,有可能使球在精确地击中四个球台边后,回到起点.但事实上只有一种方法能做到.不论球在球台上的何处,你必须以特定的角度瞄准它,这个角度与球台的长边成非常接近的26.5度.球的路径构成了一个平行四边形.

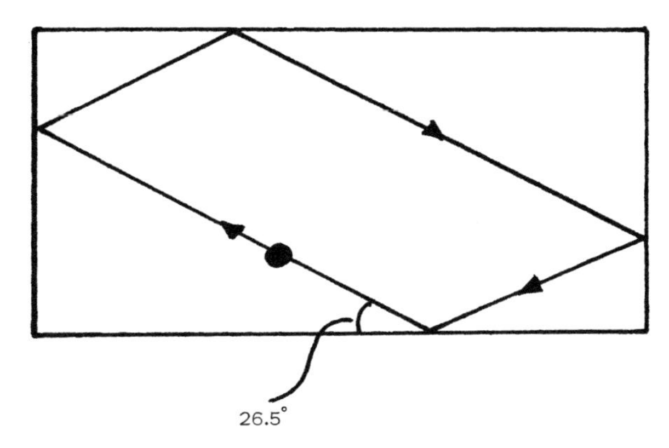

这个角度适用于任何标准尺度的斯诺克或者台球球台,也就是说,球台长度正好是宽度的2倍.(26.5度角事实上是球台对角线和长边之间的夹

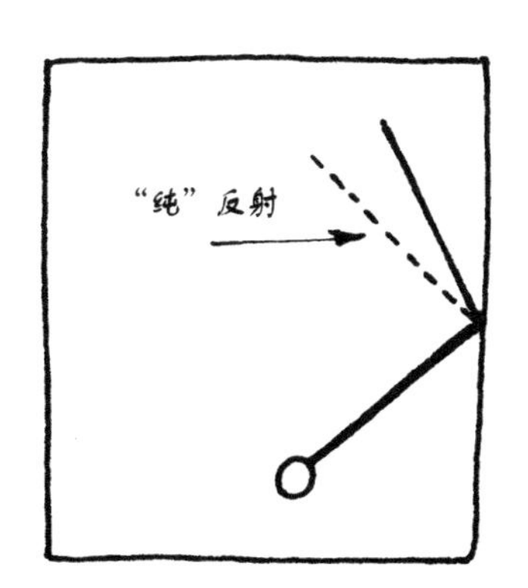

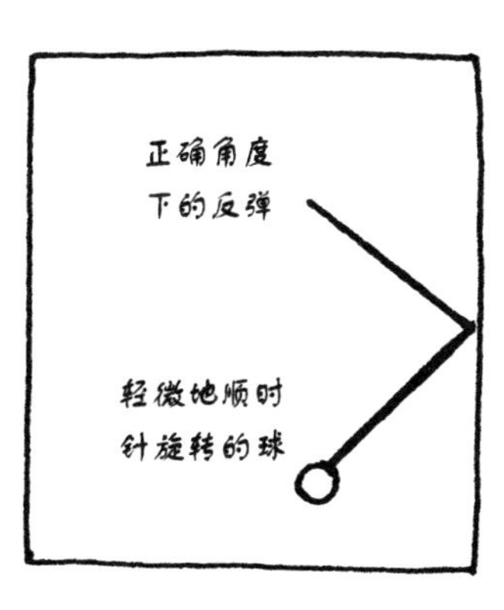

角.如果球台的尺度发生了改变,这个“奇妙角”也会改变.)检验一个实际的球台和理想化的球台有多接近的一个方法是,当你站在球台前时,试着以这个角度击球.记着随身带一个量角器.(你可能从刻度线上得到一些很奇怪的数字,但这就是生活.)

椭圆——从斯诺克到橄榄球

对于没有希望取胜的斯诺克玩家,有一些“球台技巧”可以使时光好过一点.一种类型(经常在科学发现中心看到)是椭圆形球台.如果白球被放置在特定点 A,黑球被放置在特定点 B,那么无论你朝哪个方向击打白球,它应该(至少理论上)总是从球台边弹回击中点 B.这个球台是利用点 A 和点 B 为椭圆的焦点这一事实实现的.

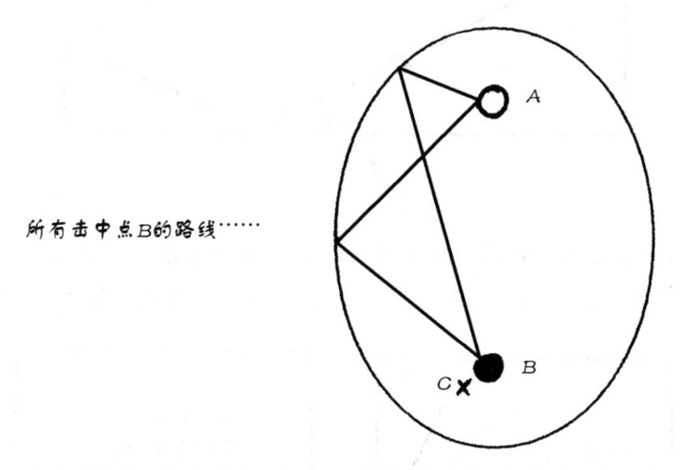

这个奇妙的方法能够确保一个即使实际上能力不强的选手也可以通过击打在点 A 的白球来击中在点 B 的黑球,即使两点间的直接路径上有阻碍也无所谓.然而,它也有不利的方面.把目标球从点 B 移到任何其他位置,例如点 C,都将会有大麻烦.所有撞到球台边的球都会回到点 B,很少会沿着正确方向到达并且击

中点 C.

用两个图钉,一支铅笔和一段没有弹性的绳子可以很容易画一个椭圆.将绳子的两端固定在图钉上,把图钉放在你想作为焦点的位置上.用铅笔把绳子拉紧,然后环绕着图钉移动绳子.铅笔画出的曲线就是椭圆.

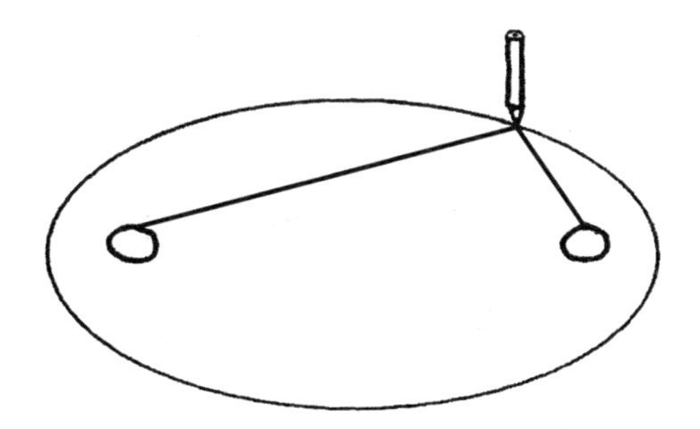

这个构造表明椭圆球台的另一个属性:当通过球台边把球从一个焦点送到另一个焦点时,球走过的总的路径长度是相同的,不论是朝哪个方向击打.

现在你已经掌握了椭圆的艺术,让我们无缝转换到另一项运动,在那里椭圆也有奇特的(即使模糊的)作用.这个运动是橄榄球,或者更加明确地,追加射门或者罚踢射门.同斯诺克一样,橄榄球球员必须朝着具有最小误差边际的特殊方向传球.触地得分以后,允许球员尝试通过把球放在和球门线垂直的虚拟线上的任何一点(且这条线经过球的触地点)来追加射门.

如果在门柱间触地得分,那么踢球者唯一要决定的是要跑回多远才能保证球有足够的升力越过门柱之间的横木.但对于在门柱外的触地得分,还有另一个因素——使其和门柱的角度尽可能大.

如果你已经读过《三车同到之谜》(Why Do Buses Come in Threes?)这本书,你将会回忆起存在一个放球的最优点.离球门线太近,球员看不清门柱间的空隙;太远,从远处看,两根门柱之间的距离看起来太窄了.这里还有另一种方法找到最优位置.

考虑把两根橄榄球门柱作为椭圆的焦点.并在球门线上把球的落点标注好,这是椭圆上最边上的点(即是椭圆的一个顶点),然后画椭圆的余下部分.

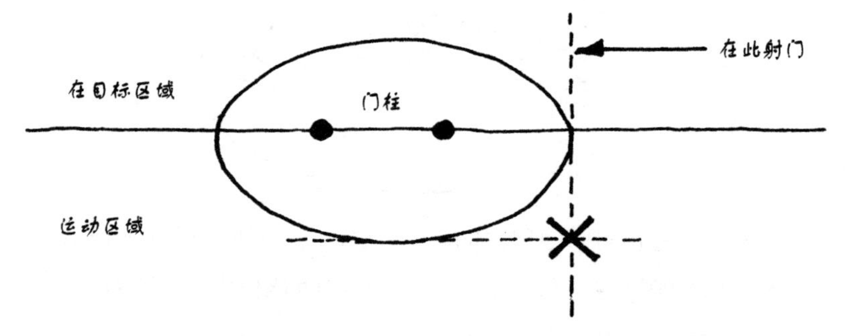

接着画椭圆底部的切线和一侧的切线.这两条线的交点,记为X,在这点上球员将找到最大的角度,通过这点追加射门.

更使人好奇的是和橄榄球有关的重要的数学曲线.数学家都知道,如果去截圆锥面,根据截的角度,截线的形状可能是圆、椭圆、双曲线或者抛物线.如果把触地得分后的追加射门的最优位置根据门柱不同的宽度画出来,得到的曲线是双曲线.当球员踢出球后,球飞行的路线是抛物线.从双曲线上的一点,发出以抛物线的轨迹运行的椭圆形的球的想法是很令人惊奇的.

第13章

俱乐部的榜首

排行榜的事实和缺点

我们生活在一个排行榜的世界里.有学校、医院,甚至艺人的排行榜.但人们谈及最多的还是体育运动的排行榜.

球队互相比赛的"联盟"想法要追溯到19世纪70年代,那时国际棒球联合会成立.然而,当给获胜的队伍授予锦旗时,存在着一个问题.获胜者是赢得胜利场数最多的队伍,但由于没有规定每支队伍要和其他的队伍打多少场比赛,打的比赛场数最多的队伍毫无悬念排在排行榜的前列.这意味着锦旗既是对一支队伍能力的评价,也是对一支队伍参与热情的评价.毫无疑问,一支队伍获胜的次数越多,这支队伍的热情越高.1872年,波士顿红袜队(Boston Red Stockings)打了47场比赛,而华盛顿国民队(Washington Nationals)只打了11场比赛.这很不公平,如果你知道华盛顿国民队输了全部的11场比赛,你才可能感到够公平.

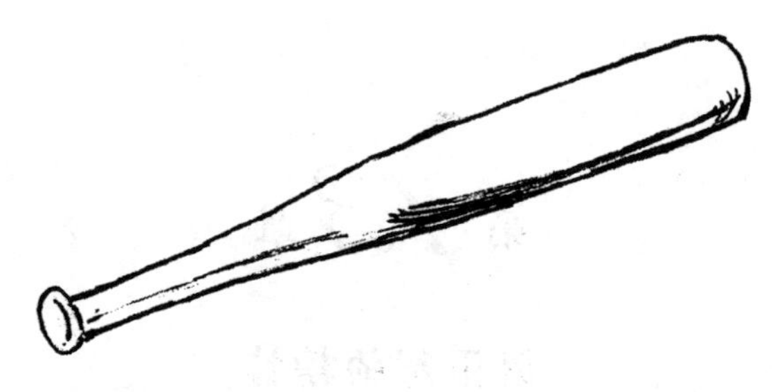

到了 19 世纪 80 年代,一些运动项目开始提出俱乐部中的每支队伍应该和其他每支队伍进行相同场次的比赛(今天我们有时认为这是想当然的事情),也意识到有必要找到一个明确的排名方法.

在棒球比赛中,排名是简单的:获胜最多的队伍被授予锦旗.平局很少出现,因为只有在天气不好的情况下才会有——平局的思想与美国的运动文化是格格不入的.对于足球来说,情况就大不相同了.足球比赛中平局常常出现.因为平局是处于获胜和失败之间的境地.足球俱乐部达成了一致,在一场比赛中,获胜的队伍积 2 分,平局积 1 分.从 1888 年开始,这种计分系统几乎存在一百年了.

板球的曲解

板球早期的郡锦标赛,规则有一点不同.例如,1890 年第一个官方锦标赛战绩如下:

		场数	胜场数	输场数	平局数	分数
1	萨里(Surrey)	14	9	3	2	6
2	兰开郡(Lancashire)	14	7	3	4	4
3	肯特(Kent)	14	6	3	5	3

（续表）

		场数	胜场数	输场数	平局数	分数
4	约克郡(Yorkshire)	14	6	3	5	3
5	诺丁汉姆郡(Nottinghamshire)	14	5	5	4	0
6	格洛斯特郡(Gloucestershire)	14	5	6	3	−1
7	米德尔塞克斯(Middlesex)	12	3	8	1	−5
8	苏塞克斯(Sussex)	12	1	11	0	−10

第一眼看去，有一点奇怪，苏塞克斯居然以−10分结束赛季.他们由于犯规行为而被扣分了吗？事实上，原因是很简单的，分数是计算获胜场数与失败场数之差得到的.

看起来本不该如此，但这张板球积分表和两年前(1888年)足球俱乐部采用的表是等价的.对于每个郡，如果把积分加上比赛场次，那么得到的积分结果和采用足球联赛的计分方法——胜利者2分，平局者1分[①]——得到的结果相同.如果球队的比赛次数相同，那么排名也是同样的，只是心理上认为是不同的.没有人愿意以赤字收场.

再看一下板球积分榜，最后两支球队——米德尔塞克斯和苏塞克斯——只打了12场比赛.事实上，下个赛季不同郡的球队进行12到16场比赛.

如果球队彼此之间进行比赛的场数不同，赢−输的积分系统有它的优点.它当然比只是考虑获胜的场次而不管参加比赛的总场数更合理.然而，它不能区别胜0场输5场的球队和胜5场输

① 在这张板球榜上，获胜者积1分，平局者积0分，失败者积−1分.每场比赛的积分加上1分，得到获胜者积2分，平局者积1分，失败者积0分，和足球中的积分方法一样.

10 场的球队.

板球经历了 50 年的时间,最后决定所有球队应该进行相同场数的比赛.直到那时,板球定期地改进计分系统,试着提出一些比粗糙的赢一输更为公平的方法.有一阵子,排名根据是积分除以完结比赛的总场数(完结比赛是指除了平局以外的比赛).

例如,在 1896 年赛季,格洛斯特郡和沃里克郡都以积分 -5 结束全部比赛,但格洛斯特郡排名更高些,因为他们完成了更多场完结比赛(15 场,而沃里克郡完成了 11 场完结比赛).

郡	场数	胜场数	输场数	平局数	分数	完结赛数	比例
格洛斯特郡 (Gloucestershire)	18	5	10	3	-5	15	-33.3
沃里克郡 (Warwickshire)	18	3	8	7	-5	11	-45.5

这是很有道理的.两支球队都表现很差,并且如果对未完结的比赛和完结的比赛一视同仁,格洛斯特郡的积分排名比沃里克郡好一些.因为格洛斯特郡平了 3 场而沃里克郡平了 7 场.但板球当局者仍不满意.因为开始的时候,某些球队积分可能为负,这看起来不好.

板球积分规则继续改进和调整.1938 年,引入了奖励分级.那时候欧洲是一片和平景象,板球确实有几年反映了这一现象.所有关于寻找一个合理的积分榜的问题由以下事实引发:各个球队打了不同数量的比赛.第二次世界大战以后,所有一流郡板球队都打同样场数的比赛.百分比成了过去式.

但英国夏季时间不够让17个郡的每支球队和其他每支球队打两场比赛及同时安排其他的赛事.所以,每支球队只和其他球队中的某些球队打两场.这会引起偏差,即成绩依赖于是否足够幸运和弱队更多次交锋,而不是和强队交锋.

当然,大家都知道,最简单和最公平的系统是足球上曾经使用的,每支球队和其他球队主场、客场各战一场.2000年,板球分成两个组,在每一组每支球队和其他球队打两场.板球运动起码用了110年找到了解决问题的方案.

打破平局

不论用什么方法创建积分榜,总有可能有两个队积分相同的情况出现.如果它们竞争升级或者试图避免降级,就需要用一些方法决定哪支队伍更好一些.

打破平局的最好的方法是不存在的,但我们可以探索已经使用的规则,看它们带来的结果是什么.现在的足球比赛中,最常用的方法是净胜球,通过计算进球数减去失球数得到.但直至1976/1977赛季,区分一个俱乐部中相同积分的标准方法仍是使用平均进球或者进球比率(进球和失球的比率),而不是净胜球.

两个积分榜的难题

多年以来,足球积分榜一直是很多难题之一.这些难题是解决一个赛季到统计时为止全部比赛的积分.下面是一个难题:

每支队伍和其他队伍打一场比赛,每场比赛中的比分是多少?(获胜者积2分,平局者积1分)(相关数据如下)

	场　数	进球数	失球数	分　数
曼联(United)	2	1	0	3
曼城(City)	2	2	1	2
艾比安流浪者(Albion)	2	0	2	1

还有如下的难题:

下面的积分榜被雨水淋湿了,字迹模糊,只有部分是清晰的.最终,每支队伍都要和其他队伍比赛一场,但锦标赛还未结束.你能给出已经赛过的比赛结果吗?

	场数	赢场数	输场数	平局数	进球数	失球数	分数
运动队(Athletic)	3	2	*	*	4	4	*
流浪者队(Rovers)	*	1	*	0	3	0	*
市镇队(Town)	*	*	*	0	1	1	*
漫游队(Wanderers)	*	*	*	*	*	*	*

这两个难题都要求一定的推理.解决它们的方法是意识到一些事实.例如,“获胜”列的总和总是等于“失败”列的总和(一支队伍获胜,必然使得另一支队伍失败).同时,“平局”列的总和总是等于平局比赛场数的2倍(因为每次平局包含两个队).类似地,进球列和失球列的和也应相等.

这两个难题的答案在本章结尾处.

不同方法之间的区别可能看起来很小,但对于积分榜排名两端的队伍的影响很不同.在榜首的球队在整个赛季进球比失球更多,进球和失球的比率通常会很大.例如,一支球队有60个进球和40个失球,进球比率是 $\frac{60}{40}=1.5$,净胜球是 $60-40=20$;另一支积分相同的球队,进球80个,失球55个,进球比率比较低,但净胜球更好一些.在榜首,净胜球更受进球多的球队欢迎,即使球队失球较多.

然而在榜末,以净胜球区分,进球40个和失球60个的队伍排名比进球55个和失球80个的队伍排名要好,但在进球比率的情况下前者更糟(检验一下!).对于降级,净胜球更受那些失球少的球队喜欢,即使球队没有很多进球——正好和积分榜首的情况相反.

从数学上讲,使用净胜球有一个好处,避免了没有定义的计算,如 10/0,或者 0/0.但使用进球比率有一个更微妙的好处:它更可能将两支球队区别开!这是因为净胜球必然是个整数,而进球比率取值为分数,在一个典型的俱乐部榜单里,分数可能比整数相差更多.

还有其他一些方法被用来区别两支队伍或者两名选手之间的差异,这些方法往往用在小型俱乐部中,如在世界杯的第一阶段.一个最聪明的方法是索恩本-伯杰(Sonneborn-Berger,以下简称 S-B)方法,这一方法最初是用于国际象棋锦标赛中打破平局的.它的应用是相当简单的:获胜者得 2 分,平局得 1 分.如果你开始的得分和其他竞争者相同,你的 S-B 得分是你所击败的所有选手的得分与平局的所有选手得分的一半相加.所以这个方法中,如果你的对手较强,那么给你的权重较大.

让我们看一下它是如何应用的.四名选手的比赛结果如下.没有比赛是平局,这使得问题简单一点儿.每一行显示的是左侧的选手和其他三名选手的比赛表现.(表中赢用 W 表示,输用 L 表示)

	安　娜	布莱恩	康　妮	戴　夫	分　数
安娜(Anna)		W	W	L	4
布莱恩(Brian)	L		W	W	4
康妮(Connie)	L	L		W	2
戴夫(Dave)	W	L	L		2

所以在原始表中,安娜和布莱恩胜了两场(因此平),而康妮和戴夫都胜了一场(因此也平).

相应的 S-B 得分是:

安娜击败布莱恩(4分)和康妮(2分)=6分
布莱恩击败康妮(2分)和戴夫(2分)=4分
康妮击败戴夫(2分)=2分
戴夫击败安娜(4分)= 4分

这个S-B得分成功地打破了两个平局,因此安娜排名比布莱恩高,尽管康妮打败了戴夫,但戴夫排名在康妮的前面,因为他战胜了顶级选手安娜.

既然平局问题已经解决,你可能就此停下来——大多数锦标赛可能如此.然而,如果经过这些计算之后还是平局,那么该怎么办?实际上,你可以继续应用S-B方法直到所有的分数都不同(参见附录).

如果这一切看起来正变得复杂,那是因为找到一个在各种情况下都有效的公平系统比它看起来难得多.这太常见了,专家们用他们认为是公正的规则建立俱乐部积分榜,但真诚地说,这些规则很令人失望.部分规则将在第14章描述.

升级和降级

当球队面临升级或者降级前景的时候,俱乐部的榜单还有额外的作用.直到20世纪60年代,英格兰足球有4个级别,每个级别大约有22支球队,每个赛季有2支球队面临升级或者降级.郡板球只有一个俱乐部,没有降级.对于很多球队和球迷而言,这意味着赛季结束时没有多少刺激.即使还有很多赛事没有进行,俱乐部里的大部分球队可能除了为了荣誉而战以外,并没有其他目标.

足球率先变化.在1973年至1974年,顶级俱乐部面临降级的球队数目增加到 3 支. 紧接着,为了增加对级别较低的俱乐部的刺激,除了排名第一的球队获得自动升级以外,排名紧接着的四个球队可以参加附加赛获取升级资格. 在积分榜中间位置的球队可能处于升级的边缘或者降级的边缘,这些贯穿着整个赛季.

当板球选择两个级别,每个级别 9 支球队时,升级或降级区域更具戏剧性——3 支球队升级,3 支球队降级. 这在产生刺激的同时,也存在一些不利之处. 如果过多的球队可以改变级别,那么俱乐部的级别是否如实地反映了最好和最坏球队的水平就有了几分博彩的嫌疑.

首要规则,我们建议升级或者降级球队的数量大约是俱乐部中球队数目的平方根减 1.(这里没有伟大的数学定理,规定应该如此,但它确实有效!)这里给出下列数字:

俱乐部球队数目	平方根	降级或升级数目
4	2	1
9	3	2
16	4	3
25	5	4

如果实际数字比这个数大,俱乐部将太不稳定,较好的球队也将会遇到比它们应该得到更多次的降级. 如果实际数字比这个低,俱乐部将缺少活力,也更加无趣.

当然,在一个俱乐部中最重要的是: 谁升至第一,谁降至最后——特别是对于处于升级和降级边缘的球队. 悲观的球队经理在赛季开始时就会为了避免降级而问自己: 至少需要得多少分?

英超联赛当前有 20 支球队,每个赛季产生一支冠军队,排名最低的三支球队将降级.是否能计算出多少分可以避免降级?我们又有多少把握确信位于积分榜首或榜末的球队表现和其他球队有真正的不同?或者这难道真的是机会使然吗?

在1995年到2004年的9个赛季,冠军队的总积分最高是91分(曼联,1999/2000赛季),最低是75分(还是曼联,1996/1997赛季).在积分榜的榜末,令人不满的纪录由桑德兰(Sunderland)保持(2002/2003赛季,只有19分).然而,西汉姆(West Ham)可能被认为是最不幸的,他们被降级了——他们在2002/2003赛季得42分但保级是不够的,而布拉德福德(Bradford)在1999/2000赛季仅仅得了36分而未被降级.

直到2004年,积分是35分或者更低的球队被降级,获得81分或者更高分的球队成为冠军.积分差最小的赛季是1996/1997赛季(最低34分,最高75分).

我们在第10章解释过，大约46%的比赛是主场获胜，27%是客场获胜，27%是平局.所以，假定某个赛季的每场比赛只是随机事件，三种结果以各自的频率出现，每支队伍都实力相当.在这样一个俱乐部中积分多少能确保获得冠军？积分多少将导致降级？

首先，我们可以计算出积分榜中间的可能得分.在一场随机的比赛中，主场队伍获得3分、1分和0分的概率分别为0.46、0.27和0.27，因此主场队伍的平均得分是：

$$(3\times 0.46)+(1\times 0.27)+(0\times 0.27)=1.65.$$

同理，可以得到客场队伍的平均得分是1.08，由此可推得一个赛季的总积分是50分左右.这个分数建立了一个基准，我们可以据此判断一支队伍的表现是好于或者坏于平均水平，我们可以推测在英超联赛表现中等的球队得50分左右.那看起来也符合现实中的情况.

但积分榜榜首和榜末的积分情况如何呢？直接的计算是相当困难的.但幸运的是，利用计算机模拟，我们可能获得精确的答案.编一个计算机程序，利用它嵌入的随机数生成器模拟一个赛季的比赛，使用前面的参数产生积分榜，这是相对简明的.用额外的几行程序使以上的工作重复1 000次，这为我们给出了从一个赛季到另一个赛季变化极好的思想.这种通过运行很多次的模拟实验得出可能的输出结果是我们熟知的蒙特卡罗分析(Monte Carlo Analysis).如此命名是因为这个产生轮盘赌数的随机方法产生于著名的赌场.

经过1 000次的计算机模拟，我们发现，要获得冠军，平均要得到67分，甚至有90%的概率冠军得分没有超过72分.一定要

清楚这个结论意味着什么：如果俱乐部中的每支队伍实力都相当，每一场比赛的结果都是随机的，那么一些(随机)位于积分榜前面的球队，它将得到大约 67 分——可能少些，也可能多些. 所以，在现实生活中，如果一支球队以 67 分到 70 分的积分获得英超联赛的冠军，那么根本不足以表明它比其他球队好——包括可能面临降级的一些球队！但数据确实显示俱乐部中的顶级球队总积分远高于这个数字. 冠军确实表现得比随机情况下好很多.

在计算机模拟的积分榜的另一端，平均积分 37 分的球队将垫底，而平均下来其他两个降级的位置是 41 分和 43 分. 倒数第三的球队不到 40 分是相当少见的. 这给了我们一个明显的警告：没有得到 40 分是初步证据，这支队伍应该降级，即使它足够幸运可以找到三支更差的球队. 实际的数据显示，靠近榜末的球队积分太少，球队不能把落后的状况归罪于坏运气.

但如果一名球队教练因为球队被降级(尽管得了 41 分)而受到解雇，他也会很难熬. 总有三支球队会被挑选出来面对可怕的降级. 仍可争辩的情形是，其实使球队降级的是坏运气，不是能力不行. 当董事们为降级的球队教练的未来苦思冥想的时候，试着将这些道理告诉他们.

两个积分榜难题的答案

第一个难题：

曼联　胜　曼城　1∶0

曼联　与　艾比安流浪者　平局　0∶0

曼城　胜　艾比安流浪者　2∶0

第二个难题：

运动队　胜　市镇队　1∶0

运动队　胜　漫游队　3∶1

流浪者队　胜　运动队　3∶0

市镇队　胜　漫游队　1∶0

第14章

增加刺激性

使比赛更激动人心的方法

你可能认为电视转播体育比赛的目的是为了让最好的一方获胜.但事实上是相当复杂的.是的,我们观众期望比赛是公平和公正的,但我们想要的不止这些.我们希望比赛是激动人心的.当迈克尔·舒马赫(Michael Schumacher)在2004年接连赢得七站比赛而获得他的连续第五次一级方程式国际汽车大奖赛时,他备

受追捧,但组织者却很焦虑,因为这项运动已经太单调乏味了.

随着电视观众需求的增长,电视公司越来越期望他们转播的比赛更具戏剧性.如果一场沉闷的比赛超出所指定的时间,会迫使其他节目重新安排,这是一个电视制作人最坏的噩梦.

两个因素特别有助于提高收视率:

- 保证在一场比赛之中有许多“关键”时刻;
- 在顶级队伍或者选手之间竞赛.

同时,明智地(或者有时不太明智地)调整比赛规则,组织者力争提高至少这两个因素中一个发生的频率.

以网球为例,如果要求一个统计学家设计一场网球比赛以评估两名选手中哪名选手更精通网球,他可能认为所有的得分都是一样的,谁得分最高谁就是获胜者.这就是大多数“统计效用”方法,但这种方法是无聊之极的.

假设先到 100 分者获胜,此刻,维纳斯 · 威廉姆斯(Venus Williams)以 80 分比 60 分领先.在这一刻,威廉姆斯应该是安心的,仰仗于有力的发球她将一帆风顺地走向胜利.这场比赛实际上将是沉闷的.

事实上,无论是否意识到,网球评分系统的发明者找到了一种方法,使比赛远比上述情况刺激.他们把一场比赛分为局和盘.每一局比赛至少有一个关键的“局点”,每一盘比赛至少有一个“盘点”,“盘点”是更加关键的.在某种意义上,一名选手在其他球的表现有多好已经无关紧要,如果这名选手想继续留在积分榜上,他必须赢得关键球.在网球比赛中,赢得 40%以上的球,但没有赢得一局比赛;赢得 55%的球,但从未赢得一盘比赛;甚至难以置信的是,赢得 65%的球,但在五盘比赛中仍输掉了整场比赛,这些情况在理论上都是可能发生的.(你能想象这些是如何发生的吗?在本章末有一种描述方法.)

在网球比赛中获胜的关键实际上就是要赢得关键球.还有许多运动也是如此.

乒乓球

乒乓球是从网球演变而来的运动之一.如果你已经很多年没有打过乒乓球,你有可能记得轮流发5个球,最先得21分者获得一盘的胜利,先胜三盘者获胜.

这一切在2001年发生了改变.一夜之间,每一盘缩短到以选手率先获得11分结束(领先对手至少2分),并且比赛成为典型的五盘三胜制或者七盘四胜制.这个改变的原因是什么?为了增加这项运动刺激的水平,从而争取在大多数国家的黄金时段播放.

在以前的规则下,在一场势均力敌的乒乓球比赛中,典型的得分(比如说)是21比18.所以,如果一个实力较强的选手发现他以2比6暂时落后,他不会过度焦虑,因为他知道还有很多机会反败为胜.但在新的规则下,2比6落后是相当严重的——若想不通过10比10的加赛获得胜利,他必须至少在接下来的12分中获得9分.这样在一盘比赛中前面得分的重要性增加了.

但这种情况被另一种情况部分抵消.如果一盘分数是以前一盘分数的一半,那么比赛的盘数将会变成原来的2倍.所以,每一盘的重要性变小.三盘两胜时的0比1落后,比七盘四胜时的0比2落后更令人绝望.因此,尽管一盘中的重要分的比例增加,但每一盘的重要性降低.

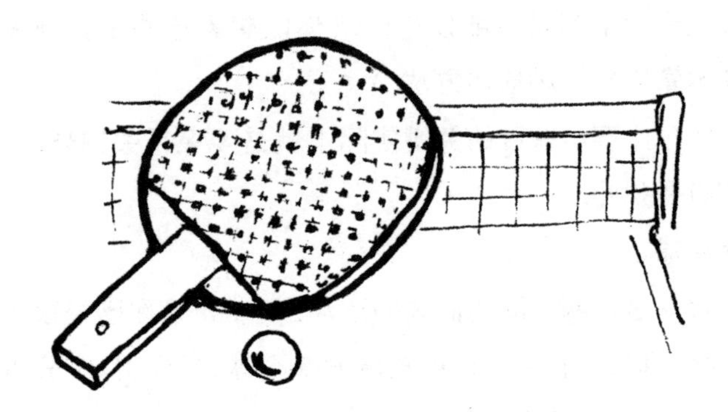

在老的规则下,在三盘乒乓球比赛中大约有 120 分.每一盘都非常重要——你可以输掉一盘,但决不能输掉两盘,并且每一盘只有最后 6 到 8 分是高度紧张的.总的来说,观众感到高度紧张的分数可能是 120 分内的 20 分.

在新的规则下,120 分对应大约 7 盘.现在一名选手可以输掉几盘而不至于感到危机迫近,可能只有其中的四盘是“真正”关键的.但在这四盘里,危机——还剩 6 到 8 分——来得更早.总的来说,新的规则确实看起来好像产生了更多关键分.

但为什么到此为止呢?你可以制定一盘 7 分,在这种情况下一场比赛需要 11 盘!几乎一盘中的每一分都是重要的,但输掉一盘是没什么大不了的.

这就引起了我们的好奇心.一个极端的例子,你可以只打一盘比赛,获胜者是第一个得到(比如说)61 分的选手.另一方面,你可以打很多盘比赛——比如说 121 盘,每一盘的获胜者是第一个得到 1 分的选手!数学上讲,这两种极端情况是完全相同的.换句话说,如果你把增加盘数的思想推广得太远,你又回到了起点!

最好的平衡是在中间的某处,现代乒乓球规则——七盘四胜制，每盘11分的探索是正确的. 网球、乒乓球和类似的赛事有一个不成文的规则，赢得一盘的分数应该比一场比赛的盘数大一些——但也不要大太多.

橄榄球的评分系统如何演变

改变评分规则也可能对比赛的方式产生影响. 橄榄球联赛是一项已经好几次调整评分系统的运动. 在过去的几十年间，达阵、罚踢和落踢射门的相对分值发生了巨大的改变.

	达阵	追加射门	罚踢	落踢射门
1891—1892	2	3	3	4
1893—1947	3	2	3	4
1948—1970	3	2	3	3
1971—1991	4	2	3	3
1992 至今	5	2	3	3

每一次改变都是为了鼓励出现更多积极的、激烈的比赛. 最显著的变化是提高达阵的得分，降低落踢射门的得分. 在很早以前的规则中，落踢射门得分是达阵得分的两倍. 今天，达阵的分数要高得多了.

最近的改变是把达阵得分从4分提高到5分. 这个微妙的调整有两个作用：这意味着在比赛中的平均得分已经增加了(对于希望打破纪录的选手是好消息)；也意味着修改后的达阵得分(及追加射门得分)比两个落踢射门得分还高. 一场还有几分钟就要结束的比赛，还落后对手7分的球队，不能再寄希望于通过几个冒险的落踢射门得分把比分扳平，而是一定要奋力向底线推进.

理论上，那应该使比赛更加激烈. 实际上，那可能只意味着球员不再凌空射门,而是把球凌空踢到边界外,希望利用达阵取胜.

赛车得分

尽管大部分评分的基本规则近 50 多年来没有改变,方程式赛车调整它的评分系统甚至比橄榄球还频繁. 自从 20 世纪 50 年代以来,只有少数获胜选手得分,而其他选手得 0 分的思想一直活跃着.

开始的时候,8 分、6 分、4 分、3 分和 2 分给前五支完成比赛的选手,1 分给以最快的速度赛出一圈的选手. 最快一圈的奖励实际上在比赛中有效地增加了刺激的元素. 它意味着即使一名选手没有赢的希望,直到最后一圈,他还有机会得分——这个诱人的想法乍一看可能吸引致力于改变方程式赛车规则,使其具有更多不可预测性的创新者.

但问题是,最快速一圈的奖励分数对比赛并没有起到正面的影响. 对于一支对是否能赛完全程没有信心,更别提进入得分榜的车队而言,容易受到此诱惑,在比赛开始时就调整赛车,使得赛车能够在垮掉之前以高速通过前几圈. 换句话说,最快速赛出一圈的奖励分的想法未达到预期,反而事与愿违(毫无疑问,车队也是),所以很快就销声匿迹了.

在 1950 年赛季,尽管有 6 个车队参赛,但只有得分前四名的车队列入计算. 考虑到那时赛车不是很稳定,这似乎是很公平的. 此外,不幸的是,过热的发动机可能阻挡最好的赛车手进入最终的排名——尽管有争议,但在激烈的体育比赛中,残酷的命运之手是另外一个重要的因素. 那一年,竟然是三个绕口令般的名字出现在前三名的位置.

第 1 名: 法里纳(Farina)(30 分)

第 2 名: 方吉奥(Fangio)(27 分)

第3名：法吉拉(Fagiola)(24分)

法吉拉排名第三，但如果所有的车队都计算在内，而不是只有四个车队，他将排名第二；如果使用今天实行的评分系统，那么法吉拉将以积分38分获得冠军，领先于积37分的法里纳和积30分的方吉奥.所以，评分系统可以对最终结果产生显著影响.

自从著名的方程式尾翼稳定(Famous Fs)规则实行以来，50年间一级方程式赛车已经作出了三个重要的改变，所有这一切都是为了增加刺激.

(1) 前八名选手而不是前五名选手得分(获胜者10分，亚军及紧接着的选手是8、6、5、4、3、2、1分)，因此即使是落选车队现在也有了欢呼的目标.

(2) 全部参赛者都算在内，不只是选择最好的一部分.所以，一个反常的意外或者故障又给得分增加了一些戏剧性.

(3) 最重要的是，以往长达三个小时的赛程现在只要大约原来时间的一半——既是因为现代观众注意力持续时间减少，也是那些想在较少的时间里容纳较多节目的电视运动制作人的反映.

还有一个主要差别.现在，一级方程式是相当安全的.没有人说想看一场可怕的碰撞，但可能存在碰撞的风险所带来的担忧已经没有了.像马戏团没有安全网一样，一级方程式赛车道没有防撞护栏，冒险的赛车会带来紧张刺激的瞬间，这是一个即使更加灵敏的得分系统也永远捕捉不到的.

淘汰赛计划和世界杯惨败

制造比赛刺激的一个方法是经历淘汰赛. 淘汰赛的一个很大的优点是直到最后一轮比赛,才能知道谁是获胜者. 与累积成绩的比赛,如一级方程式,相比较,后者中顶级车队可以增大不可战胜的领先优势,使得最后几周的比赛非常地令人扫兴.

然而,淘汰赛不能保证最好的2支队伍可以进入决赛. 如果没有安排比赛项目中的种子队(从而使较优秀的队伍或参赛者在较后面的几轮比赛中相遇),即使最热门的2支队伍,虽然对其他队伍来说是无敌的,但它们几乎有50%的概率会在决赛前相遇. 一方面,这意味着决赛是一个庞然大物和小鱼之间的浪漫冲突;另一方面,没有人喜欢看一边倒的比赛.

由于这个原因,足球、橄榄球和板球的国际锦标赛都选择了小组赛的方法,种子队伍被分开. 第一阶段比赛采用淘汰赛的规则. 所有这一切都是为了确保只有真正的强队可以进入最后阶段的比赛. 或者说理论上如此.

不幸的是,尽管淘汰赛计划名义上看起来是公平的和明智的,但它们可能导致出乎意料的歪曲,使得组织者颜面扫地.看一下这个精心制作的计划,例如,为了用完全可靠的方法使得最强的4支球队进入半决赛,它被设计成混合了大部分的激动人心的比赛.规则如下:

• 14支国家或地区球队参加锦标赛,被分成两个小组,每组7支球队.

• 在每个小组中,每支球队和其他球队打一场比赛,每个小组的前3名进入下一轮比赛.(这只是分出优秀球队.)

• 进入第二轮的6支球队再进行又一轮互相的角逐,使得最好的4支球队出线.然而,为了节省重复的比赛,如果2支球队在第一轮中已经比赛过,它们彼此就不再比赛,只是简单地维持第一轮比赛中的结果和比分.(听起来复杂,但只是为了节约时间.在半决赛前,每支球队都和其他球队进行了一场比赛.)

• 最好的4支球队进行半决赛,其中获胜的2支球队进行决赛.

哪里还有不对的地方呢?

很多.这就是2003年ICC板球世界杯的设计.暴露问题的原因是由于相关国家的安全原因两场关键比赛被取消了.在新西兰队被取消比赛后,无希望取胜的肯尼亚队获得了4分,而可怜的津巴布韦队同样因新西兰队被取消比赛而获益.结果,两支弱旅进入了六强,更糟的是,新西兰队也晋级了,肯尼亚队因新西兰队被取消比赛而获得4分,并进入了下一轮的比赛.尽管肯尼亚队被除了一支球队以外的所有强队痛击,但得分系统和其他球队之间的结果相结合,使肯尼亚队侥幸成功进入半决赛,在半决赛中被热门队澳大利亚队痛击.使人惊奇的是,这个还不是最刺激的事实.

在1999年的板球世界杯,当规则中有漏洞出现时,也发生了类似的意料之外的尴尬.有着同样分数的球队根据复杂的“净跑率”得分.聪明的澳大利亚队主帅史蒂夫·沃(Steve Waugh)知道一些数学知识,这使他意识到如果他的队伍击败西印度群岛队(West Indies),并且尽可能慢地打球,那么两支队伍都能晋级六强,而且澳大利亚队将能维持冠军地位.结果是板球比赛在天寒地冻中进行,澳大利亚队故意尽可能延长比赛.从来没有这样一场规则计划的内容和球场实际情况产生如此鲜明对照的比赛.

当谈到有争议的淘汰赛的晋级规则时,足球是无可争议的冠军.在1982年世界杯的小组赛阶段,阿尔及利亚队、西德队和奥地利队都打败了智利队,且在它们彼此之间的比赛中都赢得一场.而比赛的顺序变得至关重要.最后一场比赛是奥地利队对西德队.如果出现平局,两支球队就用净胜球区分,接着(如果必要)以进球数区分.

最后一轮比赛前的积分榜如下(前两名将出线):

	比赛场数	胜场	输场	进球	失球	得分
阿尔及利亚队	3	2	1	5	5	4
奥地利队	2	2	0	3	0	4
西德队	2	1	1	5	3	2
智利队	3	0	3	3	8	0

仔细看一下:如果西德队负于奥地利队,那么阿尔及利亚队和奥地利队将晋级.如果西德队获胜,西德队一定能晋级,但另一

支晋级的队伍又是哪支呢？如果西德队以小比分获胜，奥地利队将晋级，但如果西德队以大比分获胜，阿尔及利亚队将晋级.

开场10分钟后西德队进球，这是很少发生的事情. 为什么会这样呢？比分是关于两支球队的. 采用防御性的打法，西德队可以保持它的领先地位，而奥地利队以2个球的领先优势保证排名在阿尔及利亚队前面从而晋级.

亡羊补牢，为时未晚. 规则被改变了：在小组赛中，最后两场比赛同时进行. 目的是没有哪两支参赛的队伍可以不顾另一场比赛，通过锁定比分的方法使两者都晋级. 但是另一个改变部分抵消了这个改变的效果——打破平局的办法从净胜球改为模糊不清的“相关球队的胜负关系”.

回顾一下2004年欧洲杯. 当时，在小组赛中的前四场比赛中，保加利亚队负于瑞典队和丹麦队，而意大利队和瑞典队、丹麦队这两支球队都打成平局，比分分别是0比0和1比1. 这样，如果瑞典队和丹麦队设法打成平局，并且两支球队都至少进两球，即使意大利队以53比0胜保加利亚队，仍是另两支球队出线. 究其原因是，三支球队积分相同，彼此之间都是平局，那些在平局的比赛中进球越多的球队注定更有利. 所以，像22年前的奥地利队和西德队一样，瑞典队和丹麦队可以保证彼此晋级.

比赛时，直到第89分钟，瑞典队才把比分扳成2比2. 因为最后几分钟，一场狂热的比赛突然变得使人昏昏欲睡，虽然这没有人在乎. 但假设2比2的比分是在比赛一半时间出现的，那么谁还能责怪上演模仿奥地利队对西德队闹剧的球队呢？

真正的罪魁祸首是组织者，他们没有将规则的可能结果向数学家请教. 如果他们使用净胜球作为打破平局的规则，那么最后一轮比赛同时进行,两支球队就不可能知道如何串通把其他球队排除在外.如果说有一个东西扼杀了竞争的热情,那么就是两支球队为了某个特定目标结果勾结在一起.

在网球比赛中"失败者"如何获胜

在草坪网球比赛中,为了获得"极端"结果,让我们假设最终获胜者以最小胜幅获胜,但当他输的时候,以最惨重的比分输掉.所以他输的时候是以0比4输掉比赛,他胜的时候是以4比2获胜[①].现在假设他5盘3胜,每盘比分分别为0比6,0比6,7比6,7比6,7比6.在他输的30局比赛中,他以0比120落后.他胜了18场常规局,3场加赛(也就是说抢"7")每场都是7比5.

根据以上数据,比赛的失败者赢得171分,胜利者赢得93分,所以失败者赢得了总分数的65%.

① 0:4和4:2,此处均指每局比赛中,双方赢球个数的比;而不是指每一局的得分.——编辑注

第15章

百分比游戏

保守的打法还是放手一搏

有一些老生常谈的玩法,它们像病毒一样从一项运动传播到又一项运动,“百分比游戏”是其中最流行的一种.

勃哈德·朗格(Bernhard Langer)可能被形容成高尔夫球场上的“百分比高尔夫”. 20世纪80年代的温布尔登足球队经常被指责玩“百分比足球”. 毫无疑问,在斯诺克、网球、棒球、橄榄球、篮球和任何一项其他运动中,参加者需要选择一个策略. 那么,选择百分比打法究竟意味着什么呢?

“百分比打法”通常是否定的含义. 它使人联想起安全、精心策划,而比赛乏味,缺少冒险和创新. 选择百分比打法的选手可能是冷静的,但他们绝不会吸引大批观众.

百分比打法的基本思想是必须提高一名运动员或者一支队伍达到目标的概率. 如果采取策略A(例如: 在罚球区十码以内总是射门),他们可能有30%的概率成功;如果采取策略B(在罚球区以内才射门),他们可能有 60%的概率成功. 那么,策略 B 将是"百分比打法",因为它有较高的成功率.

但如果是如此简单,那么"百分比打法"这句老生常谈的话将是没有意义的. 任何不沉迷于百分比打法的队伍或者选手将会让自己和支持者失望.

毫无疑问,这句话的真正意义是更加精妙的,让我们进一步分析大量的不同运动情形吧. 我们将发现真正的"百分比游戏"并不总是最明显的,它可能有时候比其他选择需要冒更多的风险. 这全部取决于特定的选手和比赛时的环境.

综上所述,这取决于最终的目标. 例如,在追求单杆最大得分 147 分的过程中,斯诺克选手可能会冒险一击,因为相应的现金奖励是 14 万 7 千英镑. 如果他最在意的是金钱,他应该冒险. 如果他的最终目标是赢得比赛,他应当采取较安全的进攻,放弃 147 分的荣耀. 要时刻记得目标.

我们在其他章节已经讨论过大量的可能被描述为百分比打法的情形. 例如,在飞镖比赛中,瞄准 19 的三倍区或者 16 的三倍区,对于大多数选手而言,将比瞄准 20 的三倍区获得更高的平均分数. 但短期的保守打法并不一定带来长期的最好结果. 一个网球的慢发球可能并不比一个快发球差,但我们在第 8 章看到首先快发球,然后慢发球,更可能得分. 所以,逃避做某些冒着失败风险事情的选手只是延迟了必然结果的到来.

事实上,有时冒险行为根本不存在风险. 一个长的阻碍打直线球的击球,可能只有 20%进球的机会,如果球没有被击中,它可能停在安全位置,这种情况通常是值得一试的. 评论员通常指这种情况为空击球.

高尔夫：华丽还是稳定

有一项运动，选手一直在挣扎是冒险还是谨慎，这项运动就是高尔夫. 特别地，是成为一个像尼克·法尔多(Nick Faldo)年富力强时那样的打法稳定、毫不花哨的选手好，还是成为一个像塞弗·巴勒斯特罗斯(Seve Ballesteros)那样的以灵感和灾难时刻而闻名的炫耀型选手好？

伟大的数学家很少研究关于体育运动的定理，但戈弗雷·哈罗德·哈代(G. H. Hardy)是个例外. 哈代是一名学术界人士，他非常喜欢纯数学，但没有直接应用. 然而，他用了大量的闲暇时间考虑体育运动，这让他发展了高尔夫“定理”，这个定理处理关于稳定还是华丽的问题. 哈代得出结论，稳定的高尔夫选手趋向于以相仿能力打出不稳定的球. 他的分析是相当复杂的，但如果不那么严格要求，我们还是可能以更描述性的语言总结他的论证.

让我们假设一个选手只有三种类型的击球：

好球(G)

普通(O)

坏球(B)

为了容易分析,让我们还假设选手打出的每个好球使得选手可以获得一杆,每个坏球意味着他失去一杆(这也等价于说一个坏球根本没有使球移动),一个普通击球意味着选手在标准杆上.如果高尔夫选手表现极其稳定,以标准杆4杆进洞,他将击出四个普通球(OOOO),以标准杆数结束.

现在让我们看一下不稳定选手的表现.为了容易说明,我们认为他击出好球和坏球的可能性相同.当他打四杆洞时[①],有很多可能的结果,例如

GOO　比标准杆数少1杆

OOG　比标准杆数少1杆

GOBO　标准杆数

BOGBO　超过标准杆数1杆

你可以用这些术语进行一场有趣的想象中的高尔夫球比赛,但要记住最后一击不可能是坏球(根据定义,坏球一定不能进洞).所以,BOOBOO是可能出现的,此时是超过标准杆数2杆的每洞击球,而OOBOOB是不可能出现的.

现在解释哈代的推理过程.在标准杆数为4的情况下,一个不稳定的选手如果想比标准杆数少1杆进洞,他需要在前三击中至少有一个好球(想一下,这是显而易见的).然而,也有可能即使他前四击只有一个坏球,他也要比标准杆数多1杆才能进洞.

---

① 四杆洞是指打进这个洞需要的标准杆数是4.——编辑注

既然我们假定击出好球和坏球的概率相等，前4杆中出现坏球的概率要大于前3杆中出现好球的概率（这种说法类似于在4次掷硬币中至少出现一次正面的概率要大于在3次中出现的概率）.

当然，完整的分析一定要把所有可能的击球顺序考虑进去，把总的2、3、4、5等杆进洞的情况加起来. 这个结论指出的这种说法确实如此. 简而言之，根据哈代的模型，一个不稳定的高尔夫选手更容易比标准杆多1杆而不是少1杆.

因此，在高尔夫赛场，稳定而不是华丽的击球更能获得成功. 这种情况当然可能发生. 在1987年的英国公开赛中，尼克・法尔多在最后一轮的比赛中，以每洞标准杆数而获得著名的胜利.

然而，关于"百分比打法"的说法在平均得分的情况下可能是正确的，一名不稳定的高尔夫选手可能实际获得更多的总奖金. 这是因为最后的获胜者奖金是巨额的. 只赢得一场比赛且20次比赛排名第50名的选手，获得的奖金远远多于那些在每次比赛中都排名第20名的选手，尽管他的平均分数更糟. 正常情况下，要赢得一场高尔夫比赛，一个标准杆优势是不够的. 需要在比赛

时有才华的闪现(当然也需要有一点运气相伴).

背水一战

在很多团体项目中,在替换战术上有潜在的百分比打法.最明显的例子就是足球了.假设城市队教练在两个运动员中有一个选择:

- 麦尔(Mal):一名好的传球运动员,但进攻能力不强;
- 史蒂夫(Steve):不会全力以赴,但却可以进球得分.

在一场联赛中,城市队客场作战,对战的是主场作战且能力很强的流浪者队.如果麦尔在场上,很可能平局将是不错的结果;如果史蒂夫踢完全场,输的可能性很大.正确的决定是教练先启用麦尔上场,如果落后,部署上再作改变.

但如果流浪者队领先了,要启用替换的方案.那么,何时启用呢?运筹学专家已经分析了这个难题并且提供了他们的解决方案.当城市队领先时或者平局时,用麦尔上场比较好,而城市队落后时用史蒂夫上场较好.为什么呢?因为如果城市队0比1落后,麦尔在场上,他们进球从而扳回一分的机会是很渺茫的,而如果史蒂夫上场,机会要高一些.但史蒂夫也不该上场太早.即使开场10分钟以后城市队落后1分,在史蒂夫上场替换麦尔前最好让麦尔继续在场上一段时间.如果史蒂夫必须大部分时间都上场,他可能因为一次奇迹般的射门将比分扳平,但由于他的防守弱点,他在场上时间长存在太高的风险.

在比赛的尾声冒险的策略是"背水一战"的理念,正如古语所言,一不做二不休.由此,出现了很多不同的情况.

- 在冰上曲棍球比赛中,离比赛结束时间很近时,处于落后的球队通常会采取撤下守门员而换上一名进攻者的策略.就像前面讲过的足球的例子,落后队伍唯一的机会就是得分,即使撤下守门员失球比进球的可能性更大,冒险也是值得的.此外,不像足球中相反的替换是不允许的,如果这一赌奏效了,守门员可以重新回到他的位置.

• 当跳远选手在争取进入下一轮的资格,只剩一跳的时候,他需要再多跳 10 厘米,跳远选手有理由在起跳时冒比正常情况下更靠近"犯规"线的风险.他的鞋更有可能踩到黏土上,但即便这样,他有可以比先前守规则的起跳远几厘米的机会,所以冒险是值得的.

事实上,这个跳远的例子是我们第 8 章描述的网球快发—慢发球策略的逆过程.你可以回想一下,在那一章我们说明了网球的快发—慢发战术为何总是优于慢发—快发战术.把"快"换成"冒险",把"慢"换成"保守".

在跳远比赛中,保守—冒险可能是较好的战术.原因是跳远比赛中对手的类型和网球比赛中是不同的.在网球比赛中,是直接发球给对手,目标是赢得特定的 1 分.跳远选手可能是和很多对手竞争,他们要使用自己的策略完成辉煌的一跳. 开始时保守一点,使得计分板上有足够的成绩,接着采用冒险策略,希望其中一跳是好的,并提高成绩,这个策略是有意义的. ①

百分比打法谜题

想象一下,你同意与一个水平和你相当的对手玩飞镖游戏. 这个比赛结果有一个特殊的规定: 比赛的获胜者是第一个连赢两场的人(赢一场的人是首先得到 501 分的人). 同通常的飞镖比赛一样,你和你的对手在每一场中轮流先掷.

正如我们在第 7 章中提到的,特别地如果两个选手都很优秀,在一局比赛中先掷的人更有可能赢得比赛. 你现在掷硬币获胜,你将……

(1) 选择在第一场中先掷;

(2) 让你的对手在第一场先掷;

(3) 谁先掷无关紧要,无论谁先掷,获胜的概率是一样的.

(答案在本章的结尾处)

百分比和赌马

如果没有提及在帐篷内赌徒的冒险一搏,关于冒险和赌博的这一章是不完整的. 当运动迷们赌钱的时候,他们和竞技场上下注的人一样正在玩同样的百分比游戏. 一个巨大的差别是庄家的赔率用黑白两色来标记,而运动员只能凭着直觉估测某个特定策略的赔率.

"公平的"赔率应该真正反映了某个特别结果的概率. 如果幸

① 在 1968 年奥运会上,鲍勃·比蒙(Bob Beamon)踏在起跳板的理想位置,第一跳就打破了世界纪录. 所以,他的第一跳无疑是"冒险"的. 但如果他第一跳失利,他还有两次机会,可以有成绩,我们建议他的下一跳应该选择"保守".

运女神(Lucky Lady)赢得切尔滕纳姆金杯(Cheltenham Gold Cup)的赔率是9比1,这匹马有$\frac{1}{10}$的概率获胜,那么这将是公平的打赌.但有两个关键的因素:

• 庄家需要盈利,所以概率要比实际应该的概率小10%到20%$\left(\text{在9比1的赔率下,幸运女神实际获胜的概率应该是}\frac{1}{12}\text{,而不是}\frac{1}{10}\right)$.

• 更重要的是,这个概率受其他赌马人的心理影响很大.它不再是幸运女神胜出的概率,它是下注人公众认为的概率.越多的赌马人下注于一匹马,这匹马获胜的概率就越小.

所有体育赌博的黄金规则是:唯一确定的获利者是庄家.精明的下注者分配80%到90%的赌资给最有潜力的胜出者,剩下的保留.从长远的角度看,下注者只有小输还是大输,这是由下注者个人技能、知识和运气决定的.然而,有一些策略却是从统计学的角度看起来使概率朝着下注者的方向移动一点.

在富有刺激的比赛中,不切实际的观念趋向于影响很多下注

者,结果也导致概率的扭曲.热门的职业赛马师的马或者有着英勇事迹的马趋向于吸引比它们本应该得到的更多的赌注,特别是像全国越野障碍赛马这样的赛事.对于职业的赌马者,那些马因此成了一个坏的赌注,因为他们获胜的概率比他们本应该的要小了.

同样的,爱国热情意味着人们有一种倾向,更愿意赌自己的国家获胜而不是其他国家.为了平衡收入,赌马者减少概率以抵消这种情况.所以,如果你想要在足球比赛上赌英国队战胜西班牙队,你应该去和西班牙的赌博业者打赌.

所有职业赌徒都知道的另一件事情是:一匹无取胜希望的马通常比热门马在钱上的价值更糟.如果一匹马的赔率是50比1,公平的概率很可能是250比1.把宝押在这样一匹无取胜希望的马上,会使下注者失去80%的钱,而下注一匹公认的好马,平均而言,下注者的损失可能只有10%.

但如果你花一个下午的时间在马场,研究关于何时下注一匹不被看好的马,你会发现这是有个首要规则的.下午刚开始的时候,下注者口袋里有很多钱,因此可能有下注热门的倾向,享受期待获胜的感觉.然而,在下午快要结束的时候,大部分人注定是赔本的.唯一使他们能够获利的方法是冒险下注赢的可能性极小的一匹马,并且寄希望于它能获胜.因此有一个趋势,在一天的最后阶段给一匹不被看好的马下注.

如果这个理论是真实的,那么作为一名百分比游戏的玩家,它给了你制定自己策略的一个基本原则:做和大多数人的做法完全相反的决定.换句话说,在比赛的开始,下注无取胜希望的马,在最后阶段下注热门的马.

如果你仍以赌输而告终,不要责怪我们.我们没有让你选择哪匹马.

百分比打法谜题的答案

你可能认为在第一局中先掷,你立即会获得优势,因为你更有可能以1比0领先.但根据概率计算,正确答案是(2):在这些规则下最大化你整个比赛获胜的概率,应该让你的对手在第一局先掷.

有一个非正式的解释,关于为什么要在第一局中让你的对手获得优势.因为获得比赛的唯一条件是连胜两场,你知道在你的对手先掷的那些比赛里,你必须赢得一局比赛.因此,当对手强大的时候,采取尽可能多的机会去与其对抗.因为你有更多的机会,你就更有可能在其中的一局比赛中获得胜利.

然而,这个结果是极端违反直觉的,没有经过一些概率计算是很难判断的.你可以参见附录.

第16章

如何获得金牌

你的国家可能期望的奖牌数

当提及著名的体育格言时,埃塞尔伯特·塔尔博特(Ethelbert Talbot)是人们一定会提及的名字. 1908 年,他在圣保罗大教堂(St Paul's Cathedral)布道时,讲了那句永恒的名言:

奥运会重要的不是赢得很多胜利,而是参与.

皮埃尔·德·顾拜旦(Pierre de Coubertin),现代奥林匹克的奠基人,听了这次演讲,采用这个格言作为奥林匹克运动的信条. 这个信条和大众的想法一致,但没有和媒体、政府的论调相一致. 事实上,媒体、政府的观点是参与远不及奖牌的数量重要.

很多年以来,奖牌榜榜首位置的争夺是在美国和苏联之间展开的. 21 世纪以后,可能是中国与所有其他国家平分秋色. 但不只是大国才想要得到奖牌. 小的岛国同样珍视一枚铜牌的突破. 问题是:是否存在可以使得国家获得更多奖牌的策略呢?何时可以让最有能力的运动员有最大的机会登上领奖台呢?

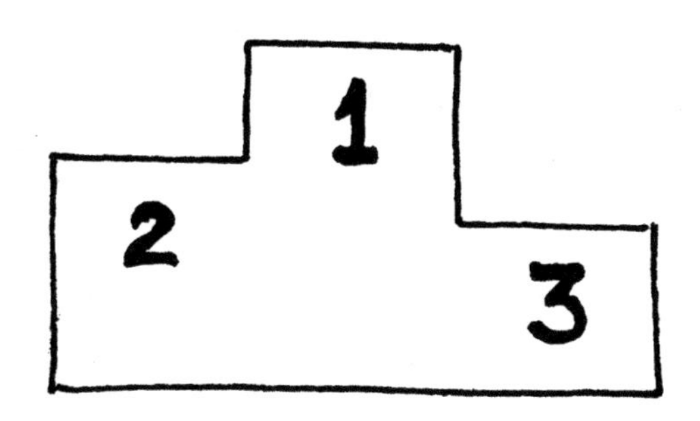

减少竞争

有一个可以提高获得金牌机会的简单原则：使竞争者的数量最少.对手越少,获胜的机会就越大.

排除其他竞争者的最好办法之一就是漫天要价.所以,对于一个想取得金牌的国家来说,100米竞赛是不可能成为热门的,因为这一运动的设备和技术装备的花费是很少的,人人都可以参加.另一方面,如果一项运动可能需要建造昂贵的设备,如快艇,来达到最高级的技术规范,那么世界上有一半的国家仅由于花费的问题就被排除在外了,又有相当多数量的国家由于是内陆国家,没有合适的训练设施也被排除在外了.我们不能期望尼泊尔快艇驾驶员在不久的将来会站在领奖台上.

有时,尽管缺少设施,勇往直前的运动队也可以取得非凡的成就——冬季奥运会上牙买加雪橇队的表演是一个值得称道的例子.但这些都是特例.

其他一些运动需要极昂贵的设备,包括自行车、划船和超越障碍比赛(如果把马也称为"设备"的话).这些运动项目的竞争者肯定会指出,奖牌的争夺仍然是极其残酷的,但入门的花费意味着绝大部分的世界人口被排除在外了.

正如我们在第 9 章中指出的，还存在一些个人使用同样基本的技能就有机会获得好几枚奖牌的运动项目，如游泳. 所以，狭隘的国家想要提高奖牌数量，可能通过关注那些有好几块金牌的特有的运动项目，才有可能达到获得最大成功的目的. 在世人的眼中，奖牌排行榜上所有的奖牌都是一样的，但对于那些错误引用乔治·奥威尔(George Orwell)的话的人来说，一些奖牌和其他的奖牌是不一样的.

规模的优势

金钱和奖牌之间的联系已经被经济学家在很大的范围内研究过了. 一个国家的财富和其获得的奖牌数之间是相关的. 这有两个原因：一个有着高国民生产总值(GDP)的国家很可能有大量的人口，人口越多，其中出现体育明星的可能性就越大；同时，伴随财富而来的是更有能力投入于体育设施. 大国希望得到认可，所以它们奖牌榜上的位置就体现出了政治的重要性.

用传统的方法，3 分代表金牌，2 分代表银牌，1 分代表铜牌来计算奖牌的分数，可以绘制一幅关于奖牌分数和 GDP 关系的散点图(下页图). 很多国家看起来和虚线拟合非常接近. 虚线是我们经过零点和图上英国位置的连线. 那些在虚线上方的国家表现得比虚线所表示的函数关系预测的结果要好，而那些在虚线下方的国家表现得则要糟糕得多.

这幅图中突出了一些显著例外的国家，那些离一个轴或者另一个轴很近的国家. 最主要的国家之一是澳大利亚，它表现很突出. 澳大利亚人对于运动成绩的热情远远超过了人们对国家的大小和财富的多少所反映出来的合理期望. 古巴在重量级以上级别的拳击上有优势(照字面意思，因为拳击项目的奖牌一直是古巴

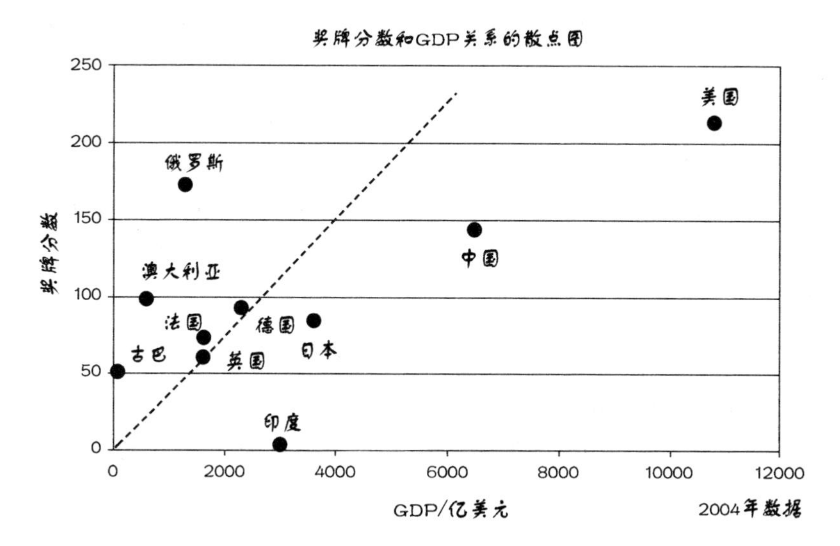

分数的主要组成部分).在这个表上,俄罗斯也做得很好——人口众多但GDP相对较低.

在靠近另一轴,突出的国家是印度.看起来难以置信,一个人口超过10亿的大国勉强得到唯一的一个奖牌.部分原因是这个国家对于板球运动具有压倒一切的热情,而这个项目自从1900年以来就没有在奥运会上出现.因此,获得奖牌的另一个规则:确信你重点关注的项目确实在比赛中起重要作用.

为什么大国赢得接力赛

当论及获得奖牌的时候,为何大国可能受益还有一个更加微妙的原因.很多奖牌是为团体而设的,而不是针对个人的.这并不是指传统的团体项目,如曲棍球和篮球,而是指个人表现的综合项目,如体操、田径和游泳中的接力赛.

团体项目更适合大国.你可以想象一名列支敦士登(Liechtenstein)的运

动员恰好获得 400 米的冠军，但你不能想象列支敦士登会赢得 4×400 米接力赛的冠军.

事实上，当一个团队的成员增加时，可以在数学上证明一个小的国家获得奖牌的概率将以指数方式减小. 在一个由 N 个队员组成的团队中，一个国家可能获得的金牌数量应该和 x^N 成比例，其中 x 是它在世界资源中所占的比例. 例如，如果一个国家 A 的资源是另一个国家 B 的 2 倍，可以期望个人奖牌数 A 国是 B 国的 2 倍 ($N = 1$)，那么 $2^4 = 16$ 倍的奖牌数可能在 4 人接力赛(或者 4 人赛艇)中出现. 关于这个论断的理由可参见附录.

意外将会发生

如果你只是一名一般水平的选手，你参加的项目时有意外发生，特别是意外情况对最后的结果有太大的影响，这将提高你获得奖牌的概率. 这是蛇和梯子规则①. 如果你是一名熟练的选手，在像国际象棋那样的高技能、低偶发事件的比赛中，你最可能以高超的技能展示你的威力. 在另一方面，最伟大的平等主义者是蛇和梯子，那里技能完全被排除在外.

意外在各种比赛中都会发生，但有些情况，它们并不是灾难. 一名撑竿跳运动员，如果当他要跳过横梁的时候，杆子突然折断，他至少还有一跳. 但对于一名超越障碍的骑手，如果他的马突然嘶鸣起来，就这三跳而言，他很可能与金牌失之交臂.

甚至，更加悲惨的是一些变化莫测的比赛. 在 2002 年美国盐湖城冬季奥运会上，澳大利亚速滑运动员史蒂文 · 布拉德伯里(Steven Bradbury)在决赛中处于最末位置. 突然，在他前面发生了顶级全能的速滑选手相撞并把彼此绊倒的意外，他们只剩下半

① “蛇和梯子”是一种通过骰子摇步数的棋盘游戏. 其中一种规则是：当遇到梯子时，就往上爬到梯子顶端；当遇到蛇头时，就退回到蛇尾. ——编辑注

圈的距离就要到达终点. 布拉德伯里超过了挤在一起的那些运动员,获得了澳大利亚历史上首枚冬季奥运会金牌. 这是一个明显的顶级运动员把彼此淘汰出局的例子,以致无取胜希望的人反而成功获取了奖金.

冰可能经常是很平坦的,因为它很光滑. 尽管运气可能平等地影响所有的运动员,在一些情况下,事实也不尽如此. 以下坡的滑雪运动为例. 雪变得越紧,表面的速度就越快. 这对于滑雪者通常是一个好事情,尽管也存在弊端. 如果天气条件改变,那么比赛过程中冰雪实际就变得过于滑了.

试图去除任何对选手有利因素的尝试都可能对另外一些选手更为有利. 对于滑雪运动员来说,常规的做法是他们的第一轮速降滑雪比赛按照次序分秒必争地进行,第二轮比赛以相反次序

进行.如果条件确实有变化,那么所有的选手都应该受到好和坏组合的影响.理论上这种做法是好的,但是实际上只有条件的变化是线性的情况下,才是完全公平的.

所以,如果一名滑雪运动员下落的速度增加,使得每名运动员将比前一名运动员少用 0.02 秒,对于所有的运动员而言,两次下山的组合影响应该是同样的.

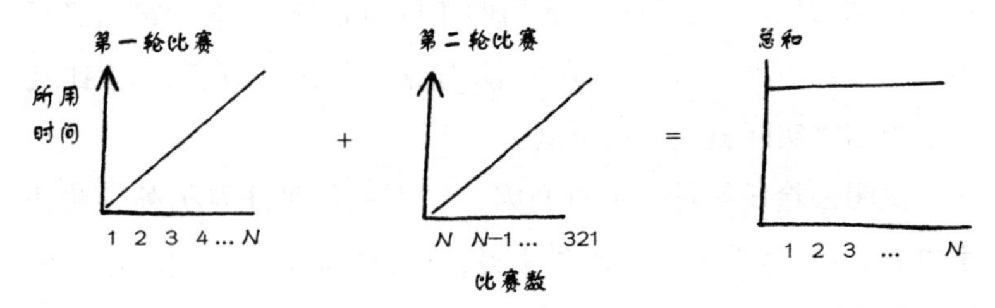

但在大多数实际比赛中,条件的变化并不是线性的.典型的情况是,前面几名滑雪运动员确实会使雪场变得更紧实,所以条件最显著的变化是在开始的时候发生.只要时间关于滑雪运动员出场顺序的图形是曲线,甚至图形的斜率从一个变到另一个,当两个图形结合起来,那么就会有一些滑雪运动员将会比其他运动

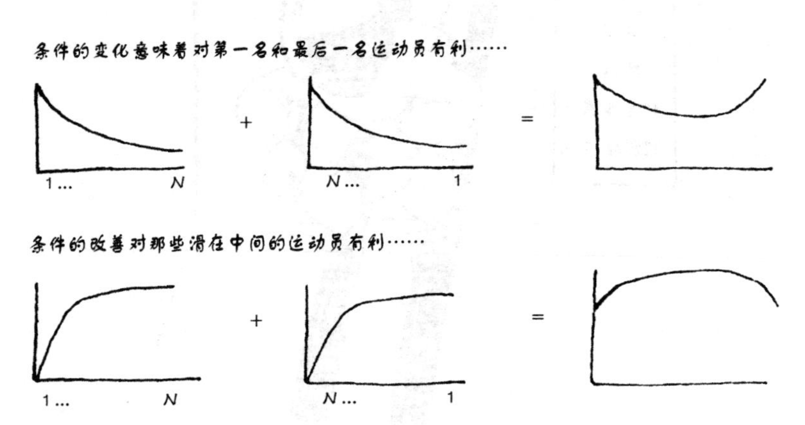

员获得更多益处. 图中最受益的位置依赖于雪场表面的变化情况. 但事实上,幸运降临完全是对争夺奖牌的国家有利.

幸运的因素

幸运也会以其他方式降临. 在那些有淘汰赛的比赛中,实力弱的选手可能避开实力强的对手. 简单的原因是另一名选手已经在前一轮比赛中将其淘汰出局. 在这样的联赛中,由于理论上所有的排名靠前的队员或者队伍都有可能在一组中,而不起眼的队伍在另一组中. 但是像英格兰足总杯这种无种子队、随机的淘汰赛的安排,通常不应用于大奖赛事. 所以,在决赛中一支不起眼的队获得银牌的可能性在羽毛球、乒乓球或射箭运动比赛中是很低的.

那些没有足够多的比赛场次且可以使顶级选手会像明星般闪耀的项目中,运气会发挥更大的作用. 举一个极端的例子,如果步枪比赛中只有一次机会对目标发射唯一的一颗子弹,子弹离靶心最近者将获得金牌,那么这将为普普通通的选手提供很大的机会来冲击奖牌. 然而,步枪射击和任何奥运会的其他项目看起来都没有提供这种幸运奖牌的可能.

如很多人期望的,如果高尔夫可以成为奥运会项目,全新的机会将展现出来. 事实上,在这个领域中,通常最好的选手没有获得高尔夫锦标赛的冠军,甚至不会获得四个站其中一站的冠军. 因为进入比赛的 150 名左右的运动员几乎都是非常非常优秀的,但运气很重要,有时甚至 72 杆也不足以消除运气的作用. 只要 1 个坏球就可能使高尔夫运动员付出 2 杆的代价,2 个或 3 个这样的坏球,或者凭运气进的几个洞中的 1 个就可以使排行榜上上下下变动. 计算全部四轮成绩确实是减少运气成分的一个重要的方法,但绝不是自始至终的办法.

如果你根据选手与标准杆比较的几年平均成绩进行排名,有些人——泰格·伍兹(Tiger Woods)、恩尼·埃尔斯(Ernie Els)、维杰·辛格(Vijay Singh)——仍排在前列.但是这些运动员在一年里获得站冠军的数量很可能是零.任何一名顶级运动员获得奥运会金牌的概率可能比其他运动项目都低.这毫无疑问使得有志向的列支敦士登的奖牌获得者想使它成为奥运会项目.

药物的威胁

很遗憾,还有一种办法!无论是国家还是个人都试图通过药物来提高金牌的总数.发生在20世纪60年代和70年代药物滥用的极端情况可能不会重演,但是顶级运动员屡次被曝光药物指标超过限制,表明这个问题并未消失.

药物检测者和试图偷偷服用药物的运动员之间的战争一直在进行着.在理想的情况下,药物检测应该是精确的和百分之一百科学的,但不幸的是,情况并非如此.检测结果可能是极端粗糙的.

美国中长跑运动员,玛莉·斯兰尼(Mary Slaney)因被发现非法使用睾丸激素而被禁赛.运动员在他们的一生中达到运动生涯顶峰的时间是非常短暂的,如果他们受到药物滥用的不公正指控,他们将遭受显著的经济损失和永远失去获得奥运会奖牌殊荣

的机会.

他们很少因被看见注射药物或者使用违禁药品这些直接证据而定罪.通常是对运动员提供的样本进行化学分析,得到间接的证据.但是当被研究的物质是人体能够自然产生的,且和人工生产的违禁药品一样的时候,这种方法有明显的问题.

斯兰尼的药物检测基于 T/E,这种方法是比较尿液样本中两种常见物质的相对数量.通常,这两种物质的密度非常相近,所以 T/E 应该接近于 1∶1.当局设定了 T/E 的阈值,该值超过 6∶1 时,就可以被当作使用药物的充分证据.1996 年,斯兰尼两份样本的 T/E 值大约为 10∶1 和 12∶1,所以她被禁赛.

但那个阈值有根据吗?任何检测必须承认两个问题:它一定是敏感的——使用药物的大部分人将不能通过检测;它还必须是特异的——没有用药的大部分人必须通过检测.但 T/E 的值对于男人和女人是不同的.同样的,也会随着年龄、种族、饮食、生活方式等因素而变化.所以,检测给出的结果可能是不准确的.

让我们以一些数字为例.假定我们有 1 000 名运动员,其中恰好有 100 名服用了药物.为了尽量保护无辜的人,假设特异性为 99%,也就是说,100 个无辜者中有 99 个可以通过检测.让我们假设敏感性是完备的,即如果一名运动员服药了,检测时他肯定会被发现.这看起来是绝对公正的和严格的条件.但结果可能令人吃惊.

如果特异性是 99%,这意味着有 1%的无辜者——900 个中的 9 个和 100 个服药者将不能通过检测.所以,一共有 109 个人不能通过检测,其中 9 个人是清白的.大约估算一下,约 8%由于未能通过检测被禁赛的人是无辜的.这样的误差率是不能容忍的.

即使药物检测的特异性是99%,结果的有效性也是太低啦!

在美国,每年大约有90 000个尿液样本被检测.假设特异率提高到99.9%.如果所有的选手都是清白的,我们还将得到90个阳性结果.但是,如果提高阈值意味着敏感性将降低——更多的服药者将通过检测.

我们无法脱离这个无情的逻辑:随机检测的程序应用得越广泛,为了保证清白的运动员不被指控,阈值需要设置得就越高.有计算指出,在目前检测的数量上,为了降低无辜者被错误指控的概率低于1%,全世界的检测容量需要重置阈值!

我们不知道像斯兰尼那样的运动员是否无辜,但事实是不论阈值被设为多少,总会有一些无辜的运动员不能通过检测和一些服药的运动员将通过检测.找到恰当的平衡点是不容易的.只要有运动员由于罪证不足而假定无罪的情况出现,通向奖牌榜的这个后门将不幸地一直开着.

第17章

加时赛和点球大战

如何结束比赛

是吹响终场哨声，拔下三门柱，挥舞方格旗的时候了. 但仍有一个问题，我们还不知道谁是获胜者.

在很多体育比赛中，平局是不令人满意的. 所以，如果比赛已经进行了全程而参赛者打成了平局，就需要有一种方法来解决到底谁将获胜的问题.

当领先的选手们出现平局的时候，一些比赛有办法决定谁将是获胜者. 在跳远和三级跳远比赛中，看一下谁的第二好的成绩更远，平局就会被打破. 但这种回顾的想法由于一方肯定获胜而缺少戏剧性的展开. 大部分比赛选择继续进行，而且常常以“突然死亡法”结束比赛. 例如，斯诺克(先将黑球打入者胜出)、高尔夫球(先把球打进球洞者胜出)和棒球(加赛一局，直到一队得分高于另一队). 甚至在保龄球比赛中，下一盘的获胜者将赢得整场比赛的胜利.

加时赛并不能总是保证有明确的结果. 1939 年,为了决定英国和南非谁将夺冠,国际板球锦标赛正常情况下的 5 天时间限制的赛事被推迟成了无时间限制的赛事. 难以置信的是,比赛在进行了 9 天之后还没有结束,英国板球队为了赶上回家的船期不得不放弃他们对冠军的角逐.

所以,在极特殊的情况下,比赛不得不以平局结束.

加时赛选择

当大多数人想到加时赛的时候,都会想到足球. 足球得分低的基本性质意味着平局是很常见的. 因此,当有必要淘汰一支队伍时,加时赛也就很常见了. 不幸的是,即使延长 30 分钟比赛也不一定能决定胜负. 三种加时赛选择方案已经实行有些年了. 它们是:

- 再进行 30 分钟的比赛;
- 金球制(加时赛中先进球者获胜);
- 银球制〔加时赛进行 15 分钟(上半场)领先者获胜,否则再比赛 15 分钟(下半场)〕.

哪一种最好？当然是既刺激又能很快产生公平结果的那一种.解决这个问题的一个方法是做一些计算.

假定在加时赛中球队表现正常.假设90分钟的一场比赛平均有3个进球,那么30分钟加时赛的平均进球数大约为1个.当有奇数个进球的时候结果是明确的;有偶数个进球且双方进球数是不相等时,结果也是明确的.假设如我们第10章讨论的那样,进球是随机发生的,进球的概率刚刚大于50%.所以,我们可以预计进入到传统的加时赛的比赛,其中有一半将在加时赛期间决出胜负.但这对于那些希望比赛尽可能快点结束的电视调度员来说是不大可能实现的.

在加时赛中,“金球制”规则决出胜负的可能性只是简单地等于30分钟内任何进球的可能性.如果球员发挥正常,由“金球制”决定胜负的机会大约为60%.也就是说,正如所期望的,比普通的加时赛决定结果的可能性要高.但这就是实际发生的情况吗？有证据表明“金球制”规则显著地改变了球队的打法——你不能让对手进一个球,所以战略将带有更多的防御性倾向.如果这种策略使进球比率减少一半,那么决定性的进球机会降至大约40%.对于“金球制”比传统的加时赛更有可能决出胜负的情况,要求平均进球率必须至少为正常进球率的80%.“金球制”得不到支持的其中一个原因很可能是因为进球率和这个阈值相差太远了.

那“银球制”又如何呢？如果球队发挥正常,否则的话,用和以前同样的假设,结果是“银球制”系统应该有60%可能决定了获胜者.事实上,尽管它的防御性的趋势不如“金球制”显著,但存在更谨慎的趋向.所以,当“银球制”作为一个折中的解决方案对人们有吸引力的时候,传统的加时赛可能是这三种加时赛方案中最好的一种.

点球大战的出场顺序

如果加时赛无法区分两支球队的胜负，那么比赛将进入点球阶段. 但谁来罚点球？以何种顺序罚球呢？罚点球的候选人是全部在场上的球员，包括在加时赛的最后阶段仍在场上的守门员. 他们中的 5 名将被任命负起最初的责任.

显然你首先应该挑选 5 名进球概率最大的球员. 但一旦你挑选好了，数学上他们以何种顺序出场没有任何影响，这其中的原因我们稍后解释. 你可以按照他们的能力来决定出场顺序，如最好的最先出场，你的球队在 5 次射门之后获得点球大战胜利的概率是相同的.

这个直言不讳的主张使一些人吃了一惊，但这来源于直截了当的计算和一个关键的假设：每名球员的进球概率不被那些已经罚过球的球员的表现所影响. 如果没有这个假设，那么出场的顺序将可能以微妙的方式对比赛结果产生影响，这取决于球员对压力的反应. 一项研究表明，如果 5 名球员中最弱的先出场，球队在点球大战中的表现要好一些. 如果这是事实的话，是由于心理因素的影响导致每名球员进球的概率改变了.

如果第一轮 5 个点球之后比分还是相同的话，接着是突然死亡法：新的队员进行一对一的白刃战，直到一支队伍进球，另一支队伍失利.在这个阶段,最好的方法就是常识性的方法:从剩下有资格的球员中挑选有最大进球概率的球员.

尽管可能性不大,我们仍然可以想象,比分在每名球员罚过一个球之后仍是相同的情况.规则仍是要求突然死亡,但要求球员出场的顺序如前.现在,如果你没有按前5名球员进球能力的降序排列出场,你可能会后悔.所以提前打算,应该把11名球员按照进球能力降序排列,并按此顺序让他们依次出场.这不仅是最简单的,也是正确推理后推荐的方法.

从球迷的观点来看,还有一个严重的问题:在点球大战中第一罚的进球与失利对最终结果有何影响?如果你的球队第一罚失利了,你还有多少乐观的余地?还是你应预计最坏的结果而立刻就离开.

确切的答案依赖于球员进球的概率有多大,如果我们假设双方的全部球员都具有相同的进球概率——称之为 p,我们对第一罚的重要性就会有感性认识.在开始的时候,任何队都有相同的概率获胜.

如果 p 是相当小的,例如25%,第一罚失利并不会是灾难性的,因为获胜的机会仍然超过40%;第一罚进球将是好极啦,因为获胜的机会已经超过70%.但即使对于一名足球业余爱好者而言,进球概率也有望超过25%.

当 p 大约是85%时,第一罚失利是非常坏的消息,因为你此刻只能指望对手失误比你更大,可这是几乎不可能发生的.在这种情况下,第一罚失利使总的获胜概率减少到低于 $\frac{1}{4}$.如果第一罚如愿以偿进球,获胜的概率增加了,但也只是从50%增加到

55%而已.

然而,对于大多数比赛,我们估计75%是p的合理水平.在这个假设下,第一罚失利,总的获胜机会降至30%以下;第一罚进球使得获胜的机会升至57%.所以,估计有30%的概率是糟糕的结果.如果你的球队首先罚球且第一罚失利,那么你有理由感到悲观.

当罚进球的概率从低的有悖常理的15%到乐观的85%时,根据第一罚是成功还是失利,总的获胜概率的差大约是从25%到33%.所以,那个数字可以看作是有关第一罚重要性的度量.

点球大战被广泛地认为是博彩,但它比1968年欧洲锦标赛所使用的方法要好得多.那时候,意大利队和苏联队半决赛以0比0打平,经过了加时赛后,意大利队通过掷硬币获得了比赛的胜利.真是难以想象那时候的人们能忍受这样的方法.然而这作为尝试的开始,谁都不会去责怪.

终场哨声

我们几乎在开始的地方结束.教练所知的关于点球的数学以及所作的数学思考可能对比赛的胜负产生影响.

然而,不是每个人都这样看待问题.一些年以前,一名澳大利亚学生写信给板球管理者,想要一些数字以便他研究改变传统的击球顺序对比赛结果可能带来的影响.数学可能对一名选手有利的想法对于管理者来说是太离奇了:“你所建议的任何分析都是毫无价值的……受到那些对板球有彻底理解的人士的嘲笑……任何改变比赛内在的不可预测性的尝试……是不会被鼓励的.”

数学和运动可能或者应该曾经互相影响.但对于那些有不同看法的人,我们希望这本书非但没有减少,还在某些小的方面进一步增加了运动的魅力和不可预测性.

附　录

对于那些对文中的数学感到迷惑，或者可能在阅读过程中受阻、希望了解数学细节的读者来说，我们以章节的顺序，把它们整理在一起.

在第 2 章，有一个表格根据“贝克汉姆”和守门员的行为，表明他罚点球得分的概率.

		守门员的选择	
		站着不动	扑向一角
贝克汉姆的选择	直　射	30%	90%
	角　射	80%	50%

如果贝克汉姆直射，守门员最好是站着不动；而如果他角射，守门员最好的策略是扑球. 当然，如果守门员站着不动，贝克汉姆应该角射；如果守门员扑球，贝克汉姆应该直射. 他们两个谁都没有占优的策略——一个比其他策略更好的策略，不管对手选择什么.

正如第 2 章所指出的，博弈论认为两名球员都应该随机地混合他们各自的策略．对于贝克汉姆来说，他应该$\frac{2}{3}$的时间角射；而对于守门员来说，他应该$\frac{5}{9}$的时间来扑球．这些数字是通过无论对手选择何种策略，进球（或扑救）的概率都是一样得到的．

我们可以检验一下，不管守门员如何行动，1比2的比例分配确实使得贝克汉姆的进球机会相同．例如，假设守门员选择站着不动，为了得到贝克汉姆的进球概率，我们看第一列．这个概率是：

$$\frac{1}{3}\times 30\%+\frac{2}{3}\times 80\%=63.3\%.$$

在第2章中，我们引用了这个数字．相反，如果守门员选择扑向一角，使用第二列计算得到相同的最终结果：

$$\frac{1}{3}\times 90\%+\frac{2}{3}\times 50\%=63.3\%.$$

这个博弈论方法的优势在于守门员尽情地动来动去，贝克汉姆可以置之不理，按照他计划好的去做，就有63.3%的概率进球．当然，如果守门员泄露了他的真实意图，贝克汉姆可以调整他的策略，增大进球概率．

*　　*　　*

在第4章，我们注意到“近似”可能导致不公平．这里用体操的例子来解释一下．在鞍马比赛中，选手得分为两跳的平均分，每跳的得分是4名裁判的平均分．

假设，史密斯和琼斯有完全相同的分数：都得了4个9.65分和 4 个 9.70 分. 一个明智的评分系统将判定她们两人得分相同. 然而,假设史密斯的每一跳都得了两个 9.65 分和两个 9.70 分,那么她每一跳的平均成绩是 9.675 分,这也是她的最终成绩.

假设琼斯的第一跳得到 3 个 9.65 分和 1 个 9.70 分. 她这一跳真实的平均成绩是 9.662 5 分,但评分系统将舍入为 9.662 分. 她的第二跳真实的平均成绩是 9.687 5 分,舍入为 9.687 分. 所以,我们现在计算 9.662 分和 9.687 分的平均分,我们得到 9.674 5 分,舍入为 9.674 分. 她的得分在史密斯之下. 不公平!

如果不是平均和舍入,把最初的得分加起来,公平就实现了. 两名选手将有相同的总分. 这事实上是由于舍入成三位小数导致的问题.

* * *

在第 5 章,我们提到子弹或者加农炮飞行距离的公式. 忽略风的阻力,假设子弹的初始速度为 v m/s,且与水平线成 θ 角,在离落地点 h 米高度发射. 如果重力加速度是 g m/s^2,那么子弹落地的距离为:

$$\frac{v^2}{2g}\sin 2\theta\left(1+\sqrt{1+\frac{2gh}{v^2\sin^2\theta}}\right).$$

这个公式可能看起来很复杂,但它是从标准的牛顿方程得来的,且任何一个正在学习力学的中学生都熟悉. 不同变量的重要性可以通过一些近似数检验. 发射处的高度 h 近似为 2 米,重力加速度近似为 10 m/s^2,发射速度大约为 14 m/s,发射角大约为 45 度. 根据这些近似数,飞行距离大约为 21.5 米. 这个数字和兰迪 · 巴恩斯(Randy Barnes)在 1990 年创造的世界纪录很吻合.

如果这些量变化，会发生什么呢？你可以用公式来估计，每个变量变化 1%，飞行的距离有何变化.

参数变化	距离增加
重力加速度减少 1%	20 厘米
发射高度增加 1%	2 厘米
发射速度增加 1%	40 厘米

*　　*　　*

对于第 6 章，我们首先回想一下以 2 为底的对数. 回忆一个表达式，如 $2\times2\times2\times2$，也就是 2 连乘自己 4 次，记为 2^4，值为 16. 换一个角度，以 2 为底的 16 的对数是 4，我们记为 $\log_2 16=4$. 类似地，$\log_2 32=5$. 由于 $1\,024=2^{10}$，因此 $\log_2 1\,024=10$. 对于一个介于 16 和 32 之间的数，它的对数介于 4 和 5 之间.

在一系列的掷硬币结果中，我们期望从某处开始出现一连串正面或者反面的概率有多少？这样的序列有确定的起始位置；从某个给定点开始至少连续出现 x 个正面的概率是 $\left(\frac{1}{2}\right)^x$. 所以假设对于这样的序列存在 N 个可能的起始点，我们得到至少连续出现 x 次正面的平均串数是 $N\times\left(\frac{1}{2}\right)^x$. 例如，有 100 个可能的起始点，我们期望出现序列长度至少为 5 的约是 3 串. 因为 $100\times\left(\frac{1}{2}\right)^5$ 刚好大于 3. 同样的证明适用于出现连续反面长度是 5 的情况. 平均来说，连续 5 次正面或者 5 次反面出现是大于 6 串.

平均串数是 6,我们确信几乎一定会出现一串或者更多串是这个长度.但对于我们得到的平均串数,例如,至少连续10次正面朝上,有 100 个可能的起始点,是 $100\times\left(\frac{1}{2}\right)^{10}$,这个数字是很小的——大约$\frac{1}{10}$.同样适用于反面.即使这样,我们得到一连串 10 次或者更多的正面或反面的平均串数只有$\frac{1}{5}$.得到任何这样一串的概率一定是很小的.

这就引出了分割点的思想:该点介于很可能出现一串至少 x 次连续的正面或反面和不太可能出现这样的串之间.此时 $N\times\left(\frac{1}{2}\right)^{x}$ 略小于 1,也就是当 x 比 $\log_2 N$ 稍大一点的时候.

在连续 32 次掷硬币中,对于连续出现 5 次相同结果的连串有 28 个可能的起始点,可以计算得到平均串数几乎有 2 串(正面和反面都算在内),所以长度为 5 的串是很可能出现的.但对于长度为 7 的串来说,只有 26 个起始点,这个长度的平均串数只有 0.42 串,我们不太可能得到这样的串.期望的最长串的长度是 5 或者 6.

* * *

在第 7 章,我们表明在顶级飞镖比赛中,先掷飞镖的人可能有 65%的概率胜出.主要想法是最好的选手用 16 镖胜出,当然在每一轮中掷三支飞镖.

忽略无与伦比的 9 镖以内胜出的可能性,以下是一个好的选手以不同镖数胜出的概率:

飞镖数	10～12	13～15	16～18	19～21	22～25
概　率	10%	30%	30%	20%	10%

根据这些数字,先掷的选手将获胜,如果:

- 他以10～12镖获胜——概率为10%;
- 他以13～15镖获胜,同时对手超过12镖——概率为30%×90%=27%;
- 他以16～18镖获胜,同时对手超过15镖——概率为30%×60%=18%;
- 他以19～21镖获胜,同时对手超过18镖——概率为20%×30%=6%;
- 他以22～25镖获胜,同时对手超过21镖——概率为10%×10%=1%.

把这些加起来得到的总数为62%.最好的选手比这还要好得多,因此我们估计为65%.

* * *

第8章的一个公式是想把在网球比赛中发球得分的概率 p 转化为发球局得分的概率 G. 为了获得发球局的胜利,你必须赢得最后一球,但选手赢得前面球的顺序无关紧要.在最后一球前把每一局得分分解.

- 连赢4球,40比0,概率是 p^4;
- 40比15,也就是 $4p^3(1-p)p=4p^4(1-p)$〔因为共有四种途径得到40比15: WWWL、WWLW、WLWW和LWWW,每一个概率都是 $p^3(1-p)$,接着最后一球获胜再乘 p〕;
- 40比30,是 $10p^3(1-p)^2p=10p^4(1-p)^2$. (10种途径

得到 40 比 30)

你也可能在打成平分后获胜.类似地,可以通过计算给出结果.也就是说,平分的概率是 $20p^3(1-p)^3=D$. 现在记你平分后获胜的概率为 x,或者你连赢接下来的两个球,或者你和对手各赢一球,你再次从平分中胜出.这意味着:

$$x=p^2+2p(1-p)x,$$

导出 $x=\dfrac{p^2}{1-2p+2p^2}$. 平分后赢得一场比赛总的概率是达到平分的概率(D)乘平分后获胜的概率(x).

把这四个量加起来就得到 G——尽管确实需要通过仔细的符号演算才能得到:

$$G=\frac{p^4-16p^4(1-p)^4}{p^4-(1-p)^4}.$$

这是在第 8 章陈述的方程.如果 $p=\dfrac{1}{2}$, 那么 $G=\dfrac{1}{2}$,这和它应该的取值一致.因为每个选手赢得任何球的可能性都是一样的.

我们也注意到对于两次发球的情况,SF 的发球顺序决不会比 FS 好.数学上的证明如下:记快发球成功的概率为 x,慢发球成功的概率是 y.

同时假设快发球是好球或者慢发球是好球的情况下,让 f 和 s 分别代表赢球的概率.我们还要做一个自然的假设,好的快发球总是比好的慢发球更有可能赢球,也就是说 ,$f>s$.

如果发球策略是 FS,那么他赢得这个球是下面的两种情况之一:

- 快发球没有失误,他从好的快发球得分;
- 快发球失误,慢发球没有失误,他从慢发球得分.

合起来,赢得一分的概率是 $xf+(1-x)ys$.

对 SF 策略也这样分类讨论,总的概率是 $ys+(1-y)xf$.

用第一个式子减去第二个式子:差是 $(f-s)xy$. 但我们知道 f 总是比 s 大,所以差总是正数. 因此,FS 获胜的概率高于 SF 获胜的概率.

* * *

我们在第 10 章断言:你可以期望在那些首先进球的比赛中有大约$\frac{2}{3}$的机会获得胜利. 证明如下.

我们的模型中进球是随机的.(通过标准的统计)由此得到,对于给定的进球平均数,在一场比赛中实际进球的数目服从泊松分布:这导出了精确的出现 k 个进球的概率公式. 因为我们只对至少进一个球的比赛感兴趣,我们修改公式,把这点也考虑进去. 记 $P(k)$为在这样的比赛中恰好进 k 个球的概率.

如果你首先进球,我们将得到赢得比赛总的概率为 W,根据每场比赛的总进球数把这些比赛进行分类. 如果所有的比赛都只有一个进球,那么先进球的一方显然获胜. 所以 $P(1)$趋于 W.

如果一场比赛有两个进球,既然我们假设双方是势均力敌的,每一方都有同样的概率赢得第二个进球. 在这些比赛中,你有一半的比赛会赢,一半的比赛会平,所以数字$\frac{P(2)}{2}$趋于 W(同样的数字趋于总的平局数).

在一场比赛有三个进球,后两个进球有四种可能性(YY、

YT、TY、TT,其中 Y 代表你方进球,T 代表对方进球). 在前三种情况,你方赢得比赛;如果是 TT 的情况,你方输掉比赛. 这意味着$\frac{3}{4}$的概率你们将赢得比赛. 同样,数字$\frac{3P(3)}{4}$趋于 W.

按照这个方式继续. 最终的答案依赖于进球的平均数,但对于在足球比赛中实际出现的值(也就是在 2 和 3.5 之间),获胜(平局或者失败)概率的最终答案几乎不变,正如我们所说的,W 接近于$\frac{2}{3}$.

*　　*　　*

第 13 章中讲到打破平局的索恩本-伯杰方法值得进一步阐述. 为了说明这点,让我们使用那一章里的同一个比赛结果表格,只是获胜者得 1 分. 结果表格如下所示:

	安娜	布莱恩	康妮	戴夫
安娜(Anna)		1	1	0
布莱恩(Brian)	0		1	1
康妮(Connie)	0	0		1
戴夫(Dave)	1	0	0	

四个人的得分分别是(2,2,1,1),通过把一行的数字加起来得到. 接着 S-B 方法产生(3,2,1,2),两个平局被打破了——安娜排在布莱恩的前面,戴夫排在康妮的前面.

但出现了一个小的意外——布莱恩和戴夫现在相同了;为了打破这个平局,再进一步,即在新的比分基础上应用 S-B 方法. 安娜新的得分是布莱恩和康妮的分数的和,以此类推,最后的答案是(3,3,2,3),看起来我们有麻烦了,因为现在安娜、布莱恩和戴夫的分数都相同.

然而,S-B方法可以被重复无限多次直到平局被打破.这个过程的下两次迭代产生(5,5,3,3)和(8,6,3,5)——现在每一个平局都被打破了,我们得到了确定的排名安娜、布莱恩、戴夫和康妮.甚至还有更好的结果!如果我们继续这个过程,尽管数字变化了,排名顺序不再变化!这产生了明确的排名,这个排名不依赖于你是进行了一步、两步、三步还是任意几步S-B算法.

任何了解矩阵乘法的人都会意识到我们已经描述了如何通过原始表(矩阵)的逐次乘方和具有元素(1,1,1,1)的列向量相乘.虽然如此,这需要大学阶段的数学,学习过特征值和特征向量后,可以证明为什么我们会得到4名选手明确的排名.隐藏在这些计算后的关键结果是佩龙-弗罗宾尼斯(Perron-Frobenius)定理.

* * *

在第14章,我们注意到即使实力最强的两支球队总是击败其他队伍,仍有大的概率是两支球队不会都从淘汰赛进入决赛.这是因为总是有N支球队位于上半区和N支球队位于下半区.每个半区有一支球队将在决赛中相遇.如果A球队位于上半区,在同一个半区里,有$N-1$个位置可能是B球队,在另一个半区里有N个位置.所以,当N取32或者64的时候,A和B在决赛前遭遇的概率是$\frac{31}{63}$或$\frac{63}{127}$,比50%少了一点点.

* * *

在第15章,我们提出飞镖比赛获胜者是连续比赛中先赢两盘的选手. 先掷的选手胜出的概率是 p,后掷的选手胜出的概率是 $1-p$,称之为 q. 先掷的选手在所有奇数局都先掷.

根据我们的规则列出所有先掷的并且获胜的选手所有的输赢情况,把每一种可能出现的结果的概率加起来. 先掷的选手最终获胜的概率(F)为:

$$\frac{1+pq^2}{(1+p)(1+q)}.$$

在第一盘比赛中后掷选手获胜的概率记为 S,通过交换上述表达式中的 p 和 q 即可得到 S 的表达式. 注意到 F 和 S 的分母是相同的,因此当我们计算 $S-F$ 时,关注分子 $qp^2-pq^2=pq(p-q)$ 即可. 因为我们假设 p 大于 q,所以 S 比 F 大. 如果你允许另一个人有先掷的"优先权",那么你获胜的概率将加大.

* * *

现在证明我们在第 16 章中的论断,一支由 N 名队员组成的参赛队伍,奖牌的数目应该和 x^N 成比例,其中 x 是其在世界资源中所占的比例.

考虑一支队伍参加越野赛跑取得成绩的方式:只是把前 N 名选手的名次相加,分数最低者获胜. 选取国家的人口数 K,用来衡量参赛队伍所拥有的资源.

以 N 等于 4 为例,获胜的队伍中运动员成绩分别排名第 5、7、24 和 33. 那么有 K 个人可以排名第 5, $K-1$ 个人可以排名第 7 ,$K-2$ 个人可以排名第 24,$K-3$ 个人可以排名第 33. 那意味着总共有 $K(K-1)(K-2)(K-3)$ 种不同的排列方法使得选手排名如前. 因为 K 代表人口数,是非常大的,上面的数字可以近似

为 K^4.

类似地证明对于 N 的任何一个其他值也是成立的,并且对于任何其他名次位置的集合也是成立的.所以,一个由 N 名队员组成的参赛队伍提供的资源是和 K^N 成比例的.因此,“公平地”讲,参赛队伍获得的奖牌数应该符合这个模式.

* * *

最后,让我们考虑第 17 章中的想法,第一罚进球或者失利在点球大战进球的概率上将导致 33%与 25%的差别.方法和上面用到的计算在飞镖比赛中先掷的人将以优势获胜完全一致.

无论你进球或者失利,因为你的对手有五次罚球机会,所以进球可能为 0、1、2、3、4、5 个.你所在一方在第一罚结束后接下来有四次罚球,同样的方法可以算出在这些罚球中进球 0、1、…、4 个的概率.如果你第一罚得分,这些即是你总得分为 1、2、…、5 个的概率;如果你第一罚失利,这些就是你总得分为 0、1、…、4 个的概率.

所以,在任何一种情况下,都可以得到你在五罚中获胜的概率,或者说在五罚后平局的概率.当平局时,每一方都有 50%的概率继续获胜,所以你总的获胜概率是知道的.

你不得不引入一些数,进行计算,但值得注意的是,只要罚球得分的概率位于 15%和 85%之间,第一罚得分或者失误的差别是稳定的,在 25%和 33%之间.

参考文献

以下两个参考文献的价值是无法估量的:

[1]《机会》(*Chance*)杂志有一个常年专栏,"一位统计学家看体育报"〔"A Statistician reads the Sports Pages",近年由海尔·斯通(Hal Stern)和斯柯特·拜瑞(Scott Berry)撰写.这些专栏文章是本书大量思想的起源〕.

[2]《数学公报》(*The Mathematical Gazette*)刊登了很多有关数学与体育的文章.

我们还参考了三本与数学和体育有密切联系的图书,其中还用到相当深的数学知识.

[3] *Optimal Strategies in Sports*, edited by S P Ladany and R E Machol (North Holland,1977).

[4] *Statistics in Sport*, edited by Jay Bennett (Arnold, 1998).

[5] *Economics, Management and Optimization in Sports*, edited by S Butenko, J Gil-Lafuente and P M Panados (Springer, 2004).

《抓住机会》〔*Taking Chances*，约翰·黑格(John Haigh，OUP，2nd edition，2003〕是一本对解决概率很多问题有帮助的书.它还涉及了有关体育的主题.

以下是每一章涉及的参考文献.(一些标题被简写)

第1章

Cogwheels of the Mind. The Story of Venn Diagrams, A W F Edwards (The Johns Hopkins University Press, 2004).

第2章

The Compleat Strategyst, J D Williams (Rand Corporation, 1966).

第4章

Did Lennox Lewis beat Evander Holyfield?, H K H Lee et al, *The Statistician* Vol. 51 (2002), pages 129 - 146.

The 2002 Winter Olympics Figure Skating, S Berry, *Chance* 15(2)(2002), pages 14 - 18.

第5章

感谢维阿·瑞邦德(Weia Reinboud)允许我们复制这章中的图表.

Letter to Nature, A J Tatem et al (30 September 2004), page 525.

www. motivate. maths. org/ conferences/ conf23/ c23 _ project1.

shtml for how to adjust for wind speed.

The Shot-putter Problem, G Leversha, P Sammutt, P Woodruff, *Math Gazette*, November 1996.

The Neglected Straddle Style, M N Brearley and N J de Mestre, *Math Gazette*, July 2001.

第 6 章

Rating Teams and Analysing Outcomes in One-day and Test Cricket, P E Allsopp and S R Clarke, *Journal of the Royal Statistical Society* 167(4), Series A (2004),pages 657 – 667.

Winning the Coin Toss and Home Team Advantage in One Day International Cricket Matches, B M de Silva and T B Swartz, *New Zealand Statistician* Vol. 32(2) (1977), pages 16 – 22.

第 7 章

Read During Your Leisure Time, S M Berry, *Chance* 15(3) (2002), pages 48 – 55.

Dartboard Arrangements, G L Cohen and E Tonkes, *The Electronic Journal of Combinatorics* (2001).

第 8 章

Server Advantage in Tennis Matches, I M McPhee et al, *Journal of Applied Probability* Vol. 41 (2004), pages 1182 – 1186.

第 9 章

Using Response Surface Models for Evolutionary Estimation of Optimal Running Times, W-H Tan (in book [5] above).

An Analysis of Decathlon Data, T F Cox and R T Dunn, *The Statistician* Vol. 51 (2002), pages 179 - 187.

第 10 章

A Birth Process Model for Association Football Matches, M J Dixon and M E Robinson, *The Statistician* Vol. 47 (1998), pages 523 - 538.

Modelling and Forecasting Match Results, S Dobson and J Goddard (in book [5] above).

Down to Ten, J Ridder et al, *Journal of the American Statistical Association* Vol. 89(1994), pages 1124 - 1127.

第 12 章

Conversion Attempts in Rugby Football, Anthony Hughes, *Math Gazette*, December 1978.

第 15 章

On a Theorem of G H Hardy Concerning Golf, G L Cohen, *Math Gazette*, March 2002.

Optimal Timing of Substitution Decisions, N Hirotsu and M Wright, *Journal of the Operations Research Society*, Vol.

53, pages 88 - 96.

第 16 章

Inferences about Testosterone Abuse among Athletes, D A Berry and L Chastain, *Chance* 17(2) (2004), pages 5 - 8.

第 17 章

On Winning the Penalty Shoot-out in Soccer, T McGarry and I Franks, *Journal of Sports Sciences*, June 2000.

索　引

名词按汉语拼音顺序排列.数字表示页码.

A

B

C

D

H

J

K

L

M

N

O

P

Q

S

T

W

X

Y

Z